建筑给水排水产品应用技术指南

住房和城乡建设部标准定额研究所　编著

中国建筑工业出版社

图书在版编目（CIP）数据

建筑给水排水产品应用技术指南 / 住房和城乡建设
部标准定额研究所编著. -- 北京：中国建筑工业出版社，
2025. 3. -- ISBN 978-7-112-30934-4

Ⅰ. TU82-62

中国国家版本馆 CIP 数据核字第 20251UV419 号

责任编辑：刘诗楠
责任校对：李美娜

建筑给水排水产品应用技术指南
住房和城乡建设部标准定额研究所　编著

*

中国建筑工业出版社出版、发行（北京海淀三里河路 9 号）
各地新华书店、建筑书店经销
北京科地亚盟排版公司制版
建工社（河北）印刷有限公司印刷

*

开本：787 毫米×1092 毫米　1/16　印张：6　字数：145 千字
2025 年 5 月第一版　　2025 年 5 月第一次印刷
定价：25.00 元
ISBN 978-7-112-30934-4
（44562）

《建筑给水排水产品应用技术指南》
编委会

编　委：　展　磊　　赵世明　　马　金　　王　睿　　李建业
　　　　　俞东旭　　吴克建　　关文民　　贺家明　　李钊才
　　　　　任少龙　　高胜华　　周可新　　吴蕴文　　徐　立
　　　　　吕爱龙　　王文兵　　柴　冈　　温殿辉　　蒋建明
　　　　　刘良雨　　郭洪明　　李红顺　　文长宏　　张双全
　　　　　刘玉林　　胡万成　　张雪根　　何智超　　王增坤
　　　　　史　林　　宋海波　　刘　铜　　刘海艳　　赵会红
　　　　　杨志华　　孙洪波

编　制　单　位

住房和城乡建设部标准定额研究所
中国建筑装饰装修材料协会
江苏宝地管业有限公司
山西泫氏实业集团有限公司
重庆巨源不锈钢制品有限公司
广东双兴新材料集团有限公司
宁波世诺卫浴有限公司
维格斯（上海）流体技术有限公司
河北兴华铸管有限公司
江苏劲驰环境工程有限公司
山西金秋铸造有限公司

日丰企业集团有限公司

爱康企业集团（上海）有限公司

上海白蝶管业科技股份有限公司

河南中泽新材料股份有限公司

上海德士净水管道制造有限公司

禹州市建通塑胶管业有限公司

杭州泛亚卫浴股份有限公司

箭牌家居集团股份有限公司

成都共同管业集团股份有限公司

康泰塑胶科技股份有限公司

辽宁联通管业有限公司

天津市凯诺实业有限公司

杭州春江阀门有限公司

陕西兴纪龙管道股份有限公司

浙江康帕斯流体技术股份有限公司

恒洁卫浴集团有限公司

宁波捷通新型建材有限公司

河北尚恒管道制造有限公司

前　言

建筑给水排水工程是建筑工程的重要组成部分，如果给水排水工程施工不当或产品运行出现问题，会给居民用水带来严重不便。随着城市化进程加快和建筑业的发展，建筑给水排水技术也迅速发展，已经由简单的卫生设备、上下水管道设计，演变成更为完善丰富的体系，影响着人们生活用水、消防安全等多个方面，涵盖工程设计、产品安装与开发等，与人们的日常生活、生产密不可分。

近年来，为满足建筑实体的要求，对给水排水的要求也越来越高。在建筑给水方面，包括生活给水系统、消防给水系统和生产给水系统，对管材强度和刚度的要求提高，连接方式更加多样化，供水产品、处理设备、供热设备需求也更加丰富。在建筑排水方面，包括生活排水系统、工业废污水排水系统和屋面雨水排水系统，室内排水产品和建筑屋面雨水收集等设备种类多样，生态污水处理技术不断发展，更加环保高效。

为了更好地贯彻落实国家强制性工程建设规范，促进建筑给水排水产品的合理应用，住房和城乡建设部标准定额研究所组织编写了《建筑给水排水产品应用技术指南》（以下简称《指南》），对给水排水产品分类、性能特点、设计选用要点、相关标准等进行梳理。目的是进一步提高建筑工程质量和设计效率，指导设计人员在工程设计中正确选用建筑给水排水产品，有效实现建筑给水排水功能，提升建筑工程的实用价值和经济价值。

《指南》共分为7章：第1章从适用范围、产品分类、设计和安装等方面阐述了建筑给水产品中的给水水箱、增压给水设备、给水处理设备。第2章主要介绍建筑热水产品中的局部供热水设备、集中供热水设备、热水消毒设备。第3章主要梳理建筑排水产品中的卫生器具、地漏、同层排水系统、特殊单立管排水系统、排水管道附件及附属设施、小型生活排水处理设备的分类、选用和安装要点等。第4章主要包括建筑雨水斗产品中的重力流雨水斗、半有压流雨水斗、压力流（虹吸）雨水斗的特点及适用范围、规格尺寸等。第5章主要阐述建筑中水回用设施中的工艺流程选用要求、常用工艺技术性能及设计选用要点等。第6章主要包括管材管件中的金属管材的产品分类、技术要求、规格尺寸，以及非金属管材的特点、设计选用要点等。第7章主要梳理阀门产品中的截止阀、闸阀、蝶阀、球阀、止回阀、减压阀等的适用范围、分类、安装部位等。

对于《指南》编写及应用有以下事项进行说明：

（1）《指南》以目前颁布的建筑给水排水主要产品为立足点，以满足相关工程技术规范的需求为目的进行编写。

（2）《指南》对标准本身的内容仅作简要说明，详细内容可参阅标准原文，《指南》不能替代标准条文。

（3）《指南》中相关产品说明、示意图等不得转为任何单位的产品宣传内容。

（4）《指南》内容不能作为使用者规避或免除相关义务与责任的依据。

由于建筑给水排水产品产品涵盖内容广泛，《指南》中的选材论述引用可能存在不当或错误之处，望广大读者加以理解，并及时联系编制组以便修正，以期在后续出版中不断完善。

住房和城乡建设部标准定额研究所

2024 年 2 月

目　　录

第1章 建筑给水

1.1 给水水箱

1.1.1 适用范围及特点

建筑给水工程中，水箱适用于民用和一般工业建筑供水系统，如生活给水、消防给水、管道直饮水、建筑中水等系统的调节贮水设备。它的特点是使系统运行经济、可靠，操作简单、管理方便。

1.1.2 给水水箱产品分类

给水水箱可使用不锈钢板、搪瓷钢板、玻璃钢、热浸镀锌钢板和经防腐处理的 Q235 钢板等各种材质，其特点和适用范围可参照表 1-1。

给水水箱特点和适用范围 表 1-1

序号	水箱材质	产品特点	适用范围
1	不锈钢板	冲压成型，标准板块，外观美观	用于生活饮用水的冷水、热水、消防水等贮存；水温不大于 60℃，不宜用于开水、软化水、地热水等贮存
2	搪瓷钢板	板材冲压成标准板块，螺栓连接，压紧密封材料拼装成型	可用于生活、消防、雨水、中水、循环水和工业用水等贮水，也可用于有腐蚀性的用水贮存
3	热浸镀锌钢板		
4	玻璃钢	重量轻，防腐性能好	
5	Q235 钢板	现场制作，采用 Q235 钢板及型钢焊接成型	根据适用要求喷涂食品级或防锈涂料，一般用于非生活饮用水贮存

依据设置条件可分为高位水箱和低位水箱（池），主要选择原则如表 1-2 所示。

高位水箱和低位水箱（池）的选择原则 表 1-2

序号	水箱位置类型	选择原则
1	高位水箱	1）外部给水管网压力周期性不足时（白天压力不足，夜间水压恢复有保证）； 2）外部给水管网压力经常不足，需要加压供水，而居住小区或建筑物内又不允许停水或某些用水点要求供水压力平稳时； 3）高层建筑采用高位水箱分区供水时
2	低位水箱（池）	当水源不可靠或只能定时供水，或只有一根供水管而小区或建筑物又不能停水，或外部给水管网所提供的给水流量小于居住小区或建筑物所需要的设计流量时

1.1.3 设计选用要点

（1）水箱的调节容积。水箱的调节容积应根据调节水量确定，其值应按用水量和流入量的变化曲线确定。在缺少资料的情况下，可按最高日用水量的百分数确定。当给水系统为"水泵-水箱"联合供水方式时，水泵为自动控制方式时，水箱调节容积不得小于供水服务区域楼层最大时用水量的 50%；转输水量的调节容积，应按提升水泵 3min～5min 的流量确定；当中间水箱无供水部分生活调节容积时，转输水量的调节容积宜按提升水泵 5min～10min 的流量确定。

（2）水箱应设置的配管和必要附件为：进水管、出水管、溢流管、泄水管、通气管、水位信号装置、上锁人孔、内外爬梯等。

1）进水管管径按流速 0.8m/s～1.2m/s 经计算确定。进水管最大管径不应大于 150mm，当大于 150mm 时，应设计成两个以上进水管。

2）出水管管径应按给水系统设计秒流量确定。

3）溢流管管径一般按大于进水管 1 号～2 号确定。溢流管管口最低部位应高于水箱最高水位 50mm，距箱顶 150mm～200mm 为宜。溢流管在接入排水系统时应设置空气隔断，以防止排水管系统对水箱内水的污染。

4）泄水管是为水箱清洗或事故检修时放空水箱中的水而设置的。泄水管安装在箱底最低处，管径一般不小于 50mm。在泄水管上应设阀门。泄水管和排水系统连接时，应在连接处设置空气隔断。

5）通气管使水箱和大气连通，使水箱内空间有新鲜空气对流换气，在水箱进水时排气，出水时进气，使水箱内保持压力平衡。通气管一般设置两根，管径不应小于 50mm。

6）水位信号装置是反映水箱内水位的指示装置，以供观察。有玻璃管液位计、磁耦合液位计和超声波液位计等。

7）人孔不得小于 500mm 并设置能够锁定的人孔盖，以保证水箱卫生安全。当水箱高度大于 1500mm 时，应在人孔处设置内外爬梯。

8）热水箱应考虑保热保温；冷水箱应考虑防结露措施，有冻结可能时，应采取防冻保温措施。

9）水箱的防腐蚀涂料应满足卫生指标要求，其涂料有环氧涂料、瓷釉涂料等材料。

10）还应考虑抗震限位设计，消防水箱（池）除考虑抗震限位设计外，还应考虑本体的抗震性能。

1.1.4 安装要点

（1）高位水箱的设置高度，应按最不利处的配水点所需水压经计算确定。

（2）水箱应设置在便于维护、光线和通风良好且不结冻的地方，水箱应加密封盖，并应设保护其不受污染的防护措施。

（3）水箱壁至墙面的距离应根据其形状和检修要求确定。水箱顶至建筑结构最低点的净距不得小于 0.6m。

（4）钢板水箱的四周，应有不小于 0.7m 的检修通道。

（5）不同水箱的安装还应按不同生产企业的具体操作说明书进行操作。

1.1.5 相关标准

GB 50015—2019　　建筑给水排水设计标准

GB 17051—1997 二次供水设施卫生规范

GB/T 17219—1998 生活饮用水输配水设备及防护材料的安全性评价标准

1.2 增压给水设备

1.2.1 变频调速供水设备

（1）用于生活给水的变频调速供水设备应符合国家现行标准《生活饮用水输配水设备及防护材料的安全性评价标准》GB/T 17219、《微机控制变频调速给水设备》CJ/T 352、《数字集成全变频控制恒压供水设备》GB/T 37892、《矢量变频供水设备》CJ/T 468 的规定。

（2）生活给水用变频调速供水设备的设计应符合国家现行标准《建筑给水排水设计标准》GB 50015、《二次供水工程技术规程》CJJ 140 的规定。

（3）生活给水用变频调速供水设备的安装与验收应符合国家现行标准《建筑给水排水及采暖工程施工质量验收规范》GB 50242、《风机、压缩机、泵安装工程施工及验收规范》GB 50275、《二次供水工程技术规程》CJJ 140 的规定。

（4）设置给水设备的房间宜设有满足设备进、出的永久性通道。

（5）二次供水设施中的水泵选择应符合下列规定：

1）二次供水用的离心泵应符合现行国家标准《离心泵 技术条件（Ⅰ类）》GB/T 16907、《离心泵 技术条件（Ⅱ类）》GB/T 5656、《离心泵 技术条件（Ⅲ类）》GB/T 5657、《离心泵 效率》GB/T 13007 的规定。

2）低噪声、节能、维修方便。

3）采用变频调速控制时，水泵额定转速时的工作点应位于水泵高效区的末端。

4）用水量变化较大的用户应采用多台水泵组合供水，并应使平均日用水流量时位于高效区运行。

5）应设置备用水泵，备用水泵的供水能力不应小于最大一台运行水泵的供水能力。

6）变频调速泵组宜配置气压罐。

7）水泵吸水口处变径应采用偏心异径管件，水泵出水口处变径应采用同心异径管件。

1.2.2 管网叠压（无负压）供水设备

（1）用于生活给水的管网叠压（无负压）供水设备应符合现行国家标准《生活饮用水输配水设备及防护材料的安全性评价标准》GB/T 17219 的规定。

（2）生活给水用管网叠压（无负压）供水设备的设计应符合国家现行标准《建筑给水排水设计标准》GB 50015、《二次供水工程技术规程》CJJ 140 的规定。

（3）生活给水用管网叠压（无负压）供水设备的选用应符合当地可以采用叠压（无负压）供水技术的规定。

（4）生活给水用管网叠压（无负压）供水设备的吸水管上应采取防止倒流的技术措施。

（5）生活给水用管网叠压（无负压）供水设备的安装应符合现行国家标准《建筑给水

排水及采暖工程施工质量验收规范》GB 50242 和《风机、压缩机、泵安装工程施工及验收规范》GB 50275 的规定。

1.2.3 相关标准

GB 50015—2019 建筑给水排水设计标准

GB/T 17219—1998 生活饮用水输配水设备及防护材料的安全性评价标准

GB/T 37892—2019 数字集成全变频控制恒压供水设备

CJJ 140—2010 二次供水工程技术规程

CJ/T 352—2010 微机控制变频调速给水设备

CJ/T 468—2014 矢量变频供水设备

1.3 给水处理设备

1.3.1 直饮水设备

直饮水的深度处理一般采用膜处理法，常用于水处理的膜分离技术有五种：微滤（MF）、纳滤（NF）、超滤（UF）、电渗析（ED）和反渗透（RO）。直饮水系统广泛应用于办公楼、写字楼、酒店、宾馆、公寓、别墅、学校、水厂、工厂等场所的直饮水供给（图 1-1）。直饮水水质应符合现行行业标准《饮用净水水质标准》CJ/T 94 的规定。

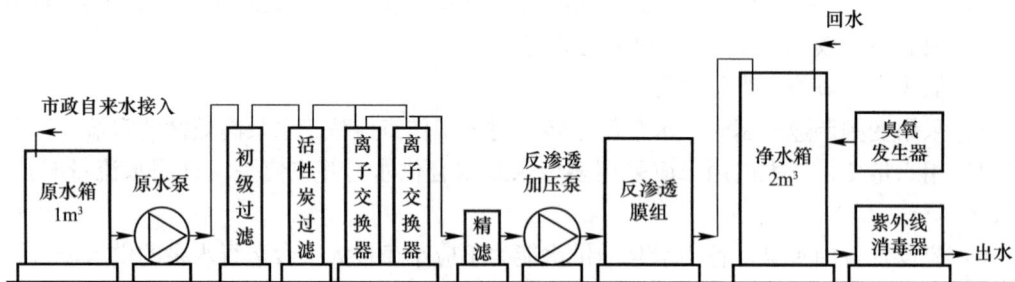

图 1-1 管道直饮水工艺流程图

1.3.2 软化水设备

目前，建筑用水的软化一般采用全自动软水器，软水器应用离子交换原理，去除水中的钙、镁等离子，使水质软化。全自动软水器是由树脂罐（软化树脂）、盐罐、控制器组成的一体化设备，本质是离子交换法。树脂罐上安装集中控制阀或多路阀，实现程序控制运行，自动再生；采用虹吸原理吸盐，自动注水化盐，无需盐泵、溶盐等附属设备。

全自动软水器的特点：

（1）自动化程度高，供水工况稳定。

（2）先进程序控制装置，运行准确可靠，替代手工操作，完全实现了水处理各个环节的自动转换。

（3）高效率低能耗，运行费用经济。软水器设计合理，树脂交换彻底，设备采用射流式吸盐，替代盐泵，降低了能耗。

（4）设备结构紧凑，占地面积小，节省了基建投资，安装、调试、使用简便易行，运行安全可靠。

1.3.3 二次供水消毒设备

（1）二次供水系统消毒设施的设置应符合国家现行标准《建筑给水排水设计标准》GB 50015、《二次供水工程技术规程》CJJ 140 的规定。

（2）经消毒后的水质应符合现行国家标准《生活饮用水卫生标准》GB 5749 的规定。

（3）二次供水系统设置的消毒设施应安全可靠。

（4）二次供水系统消毒设施的安装与验收应符合现行行业标准《二次供水工程技术规程》CJJ 140 的规定。

1.3.4 相关标准

GB 50015—2019　建筑给水排水设计标准

GB 5749—2022　生活饮用水卫生标准

CJJ 140—2010　二次供水工程技术规程

CJ/T 94—2005　饮用净水水质标准

第 2 章　建筑热水

2.1　局部供热水设备

2.1.1　贮热式电热水器

（1）适用范围及特点

局部热水系统中选用贮热式电热水器，可长期或临时贮存热水，并装有控制或限制水温的装置，贮热式电热水器不受气源和给排气条件限制，安装较为简单，安全卫生。可根据用水量及频次选择不同的贮热容积，也可用稳定的水温向多处同时供热水，占用空间大，加热效率较高，但发热量比燃气低，升温时间较长。

（2）产品分类性能及设置条件

贮热式电热水器按密封性分为密闭式和出口敞开式，在建筑局部热水系统中常用密闭承压贮热式电热水器。

贮热式电热水器的安装部位应根据用户的环境状况并综合考虑下列因素选定：

1）避开易燃气体发生泄漏的地方或有强烈腐蚀气体的环境；

2）避开强磁场直接作用的地方；

3）避开产生振动的地方；

4）除适用于室外安装的电热水器外，安装位置应避免阳光直射、雨淋、风吹等自然环境因素的影响；

5）缩短热水器与用水点之间的距离。

（3）设计选用要点

1）供水条件

①给水管道上应设置止回阀；当给水压力超过热水器铭牌上规定的额定压力值时，应在止回阀前设减压阀；

②封闭式电热水器必须设置安全阀，其排水管应保持与大气相通；

③水管材质应满足卫生要求和水压、水温要求。

2）供电条件

①应采用频率为50Hz、电压额定值为85%～110%范围内的单相220V或三相380V交流电源；

②额定功率随热水器产品而定，当额定电压为220V时，常用功率为1kW～6kW；当额定电压为380V时，常用功率为10kW～72kW；

③电气线路应按安全和防火要求敷设配线；

④电源插座应设置于不产生触电危险的安全位置，必须使用单独的固定插座；

⑤ 应采用防溅水型、带开关的接地插座，在浴室安装时，插座应与淋浴喷头分设在电热水器本体两侧。

（4）安装要点

1）热水器的安装位置宜尽量靠近热水使用点，并留有足够空间进行操作维修或更换零件。

2）近处设地漏，地面做防水处理。

3）按不同的墙体承载能力确定安装方法，不同墙体的安装方法见表2-1。

不同墙体的安装方法　　　　　　　　　　　　　　　表 2-1

墙体类型	安装方法
钢筋混凝土及承重混凝土砌块（注芯）墙	膨胀螺钉固定挂钩（挂钩板、挂架）
轻质隔墙及墙厚小于120mm的砌体	穿墙螺栓固定挂钩（挂钩板、挂架）
加气混凝土等非承重砌块墙体	用膨胀螺钉固定挂钩（挂钩板、挂架）并加托架支撑热水器

（5）相关标准

GB 50015—2019　建筑给水排水设计标准

JGJ 242—2011　住宅建筑电气设计规范

HJ 1159—2021　环境标志产品技术要求小型家用电器

2.1.2　太阳能热水器

（1）适用范围及特点

应用于局部生活热水系统的太阳能热水系统一般采用分散集热、分散供热，太阳能热水器由集热器、贮热水箱、管道、控制器、支架及其他部件组成。

（2）产品分类性能及设置条件

太阳能热水器按集热、换热、集热器与贮热水箱的放置关系、取水方法的不同分类及特征：

1）按集热方式分类

太阳能热水器供水如图2-1所示。

太阳能热水器按集热方式可分为自然循环（图2-1a、图2-1b）与机械循环（图2-1c、图2-1d）两类。前者水箱与集热器之间依靠热流密度的变化形成热循环，后者集热器与水箱之间依靠循环泵形成热循环。

2）按换热水方式分类

分为直接式（图2-1a～图2-1c）与间接式（图2-1d）两类。前者耗用的热水流经集热器，直接加热水，后者之中非耗用的传热工质流经集热器，利用换热器加热水。

3）按集热器与贮热水箱的放置关系分类

分为紧凑式（图2-1a、图2-1b）与分离式（图2-1c、图2-1d）两类。前者集热器与贮热水箱直接相连或相邻，后者集热器与贮热水箱分开放置。

4）按取水方法分类

分为落水法（图2-1a）与顶水法两类（图2-1b）。前者水箱通大气，利用重力落差供水，后者水箱密闭，利用冷水供水压力供水。

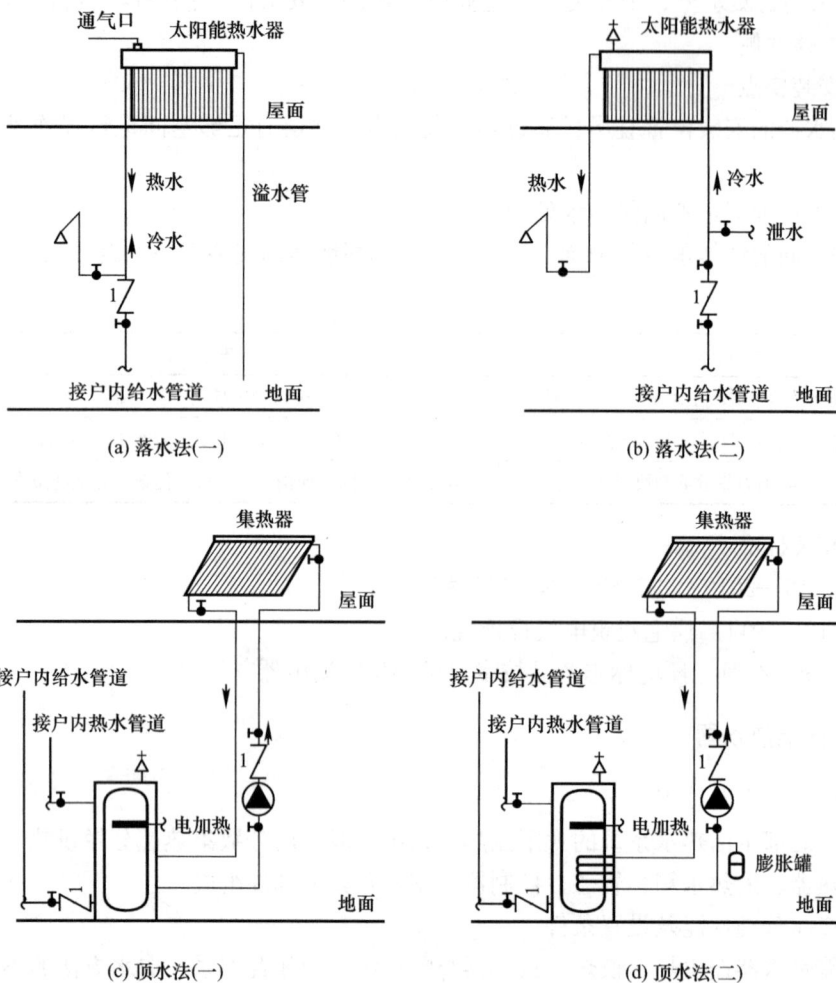

图 2-1 太阳能热水器供水

（3）设计选用要点

1）局部生活热水太阳能热水器安装有内藏式、卧挂式、落地式。

2）加热方式：

① 出水自动断电；

② 出水继续加热；

③ 定时加热。

3）电源：AC220V、50Hz。

（4）安装要点

1）太阳能热水器应设防过热、防爆、防冰冻、防倒热循环及防雷击等安全设施；

2）太阳能热水器应设放气阀、泄水阀、集热介质充装系统；

3）闭式太阳能热水器还应设安全阀、膨胀罐、空气散热器等防过热、防爆的安全设施；

4）寒冷地区的太阳能热水器应采用集热系统倒循环、添加防冻液等防冻措施；集中集热、分散供热的间接太阳能热水器应设置电磁阀等防倒热循环阀件；

5）太阳能热水器的管道、贮热水箱等应作保温层，并应按当地年平均气温与系统内最高集热温度或贮水温度计算保温层厚度；

6）开式太阳能热水器应采用耐温大于或等于 100℃ 的金属管材、管件、附件及阀件；闭式太阳能热水器应采用耐温大于或等于 200℃ 的金属管材、管件、附件及阀件。直接太阳能热水器宜采用不锈钢管材。

（5）相关标准

GB 50015—2019　建筑给水排水设计标准

GB 50364—2018　民用建筑太阳能热水系统应用技术标准

2.1.3　燃气热水器

燃气热水器是应用于建筑局部生活热水系统的主要加热设备之一，其特点是加热快、可靠、操作简单、可选类型较多。

（1）产品分类及适用范围

按加热方式可分为燃气快速式热水器和燃气容积式热水器，燃气快速式热水器是水在热水器本体内流动时，主燃烧器点火，利用燃气燃烧将通过的水快速加热。燃气容积式热水器中，加热部分和贮热水箱成一体，有与热水温度联动启闭燃气气源的装置。

按给排气方式和安装位置分为强制排气式、强制给排气式和室外型，不同类型的燃气热水器特点、适用范围见表 2-2。

不同类型的燃气热水器特点、适用范围　　　　表 2-2

类型	特点	适用范围
强制排气式（Q）	（1）燃烧所需空气取自室内，排气管在风机作用下强制将烟气排至室外；（2）抗风能力较强；（3）排气道安装难度较小，要求可直通室外	产品适应能力较强，在有冰冻可能的地区，宜选择带电加热防冻功能产品
强制给排气式（G）	（1）抗风能力更强，安全性高；（2）给排气筒有多种构造，分别设在本体背部或上部（通过延长给排气筒穿墙到室外），适应不同安装部位	适用现有多种建筑；当热水器给排气管的末端、给气口与排气口在同一位置时，应具备较强的防冻能力，以适应寒冷地区使用
室外型（W）	（1）只可安装在室外，燃烧用空气取自室外，烟气也排至室外；（2）不需要特别的给排气设备，室内空气无污染，安全性高；（3）一般产品额定产热水能力较大，自动化程度高	室外型燃气热水器只可以安装在室外；在有冰冻可能的地区使用时，必须有防冻装置

（2）设计选用要点

1）供水条件

在选用燃气热水器时要确保水压、流量等参数满足相关要求，具体供水条件见表 2-3。

燃气热水器类型及供水条件　　　　表 2-3

燃气热水器类型	供水条件
燃气快速式热水器	（1）启动水压 0.02MPa~0.04MPa；（2）适用压力要与产品铭牌参数相匹配；（3）压力过低时应加设管道泵
燃气容积式热水器	给水压力超过热水器铭牌上规定的最大压力值时，应在止回阀前设减压阀，水压过低时应加设管道泵

2）供燃气条件

① 燃气供应种类、标号及燃气压力应符合产品铭牌及相关标准规定；

② 燃气管道供气能力所对应的热负荷应该满足燃气热水器额定热负荷的需要、按照燃气管道供气能力与燃气低热值，计算燃气管道供气能力所对应的热负荷。

3）供电条件

① 使用交流电源的燃气热水器应设置专用插座，且满足现行国家标准《住宅设计规范》GB 50096 的相关要求；应安装在热水器侧上方，功率应大于燃气热水器产品说明书要求；

② 在浴室等有可能被水淋到的位置应使用防溅型插座；

③ 热水器带有线遥控操作器时，需在建筑物内预埋电线。

（3）安装要点

1）热水器本体的安装部位（墙面、地面）应由不可燃材料（混凝土、砖、砌块、砂浆、铝、钢等）建造。当安装部位是可燃材料或难燃材料时，应采用金属隔热板隔热，隔热板与墙面距离应大于 10mm。

2）强制排气式、强制给排气式风帽排气出口与可燃材料、难燃材料装修的建筑物的距离，以及室外式的排气出口与周围的距离应大于相应安装布置图中的距离要求，并保证在此规定距离的建筑物墙面投影范围内，不应有建筑物的开口（窗、门等热水器使用时可动的开口和常开的换气口等），以免烟气从开口部位流回室内，但距排气出口距离大于 600mm 的部位除外。

3）维修、配管空间：前方 600mm，侧方 300mm。

（4）相关标准

GB 50015—2019　建筑给水排水设计标准

CJ/T 336—2010　冷凝式家用燃气快速热水器

2.1.4　家用型空气源热泵热水器

家用型空气源热泵热水器按热泵主机与贮热水箱组合方式可分为整体式和分体式空气源热泵热水器。

（1）产品分类特点及适用范围

家用型空气源热泵热水器按照制热方式分类及特点：

1）一次加热式空气源热泵热水器，其特点为：出水温度在 50℃内可设定。

2）冷水只流过热泵热水器内部的冷凝器一次就达到用户设定温度机组效率低，冷热水压力难平衡。

3）循环加热式空气源热泵热水器，其特点为：出水温度在 40℃～55℃之间可设定；冷水通过循环水泵，多次流过热泵热水器内的冷凝器逐渐达到设定温度。

4）适用范围：适用于全年温度较高的南方地区。

（2）设计选用要点

1）应考虑机组运行气流和噪声对周围环境的影响，安装位置宜远离卧室。

2）整体式空气源热泵热水器一般安装在院落、阳台、屋顶等地。

3）分体式空气源热泵热水器的室外机与贮热水箱分开设置，根据贮热水箱的安装形式分为壁挂式和落地式两种。需预留室外机与贮热水箱之间连接管道的安装位置，使室外机与贮热水箱之间的管线距离小于或等于 6m。

4）空气源热泵热水器贮热水箱设置处地面应做防水处理，并便于排水。

5）承压式空气源热泵热水器必须设置安全阀，其排水应就近排入附近的排水设施。

6）空气源热泵热水器的供电条件：

①空气源热泵热水器当安装在卫生间、厨房或阳台，其电源插座宜设置独立回路；

②电气线路应按安全和防火要求敷设配线；

③应采用防溅水型、带开关的接地插座。在浴室安装时，插座应与淋浴喷头分设在热泵热水器本体两侧。

（3）安装要点

1）空气源热泵热水系统的室外主机应在通风条件良好的屋顶、阳台、室外平台等处布置。机组进风面相对布置时，其间距宜大于 1.5 倍进风口高度。进风面距墙面的净距宜大于 1.0 倍进风口高度。机组排风面距离遮挡物净距应大于 1.5m。

2）成组布置的空气源热泵热水机组应采用并联方式换热，机组宜采用同程管路的形式保证各台机组工作的均衡性。热泵机组的布置和管道连接，应符合工艺流程，并应便于安装操作与维修。

2.2　集中供热水设备

2.2.1　水加热器

建筑集中生活热水系统中，水加热器是用于提供民用及工业建筑生活热水的加热设备。它的特点是使系统运行经济、可靠，具有热工性能好、性价比高等优势，尤其是半容积式水加热器无冷温水滞水区，容积利用率达 100%，适用于医院、养老院等水质要求较高的集中生活热水系统中。

（1）产品分类及适用范围

建筑集中生活热水设备中常用的水加热器分为导流型容积式水加热器、半容积式水加热器、半即热式水加热器和快速式水加热器，其分类特点及适用范围见表 2-4。

水加热器分类及适用范围　　　　　　　　　　　　　　　　表 2-4

分类	特点	适用范围
导流型容积式水加热器	（1）加热部分带导流装置，换热、贮热一体，贮热量大； （2）可较好地调节水温，供水温度稳定； （3）对热媒条件（温度与负荷）变化的适应能力强； （4）存在少量冷/温水区	（1）热源供应不能满足设计小时耗热量的要求； （2）用水量变化大，供水可靠性要求高，供水水温、水压平稳，需贮存一定的条件容量； （3）设备用房较宽裕
半容积式水加热器	（1）换热、贮热分开，换热部分分类同快速式水加热器，有一定贮热量； （2）可调节水温，供水温度较稳定； （3）对热媒条件（温度与负荷）变化有一定的适应能力； （4）无冷/温水区 （5）占地面积较小	（1）热源供应能满足设计小时耗热量的要求； （2）供水水温、水压要求较平稳； （3）设备机房面积较小； （4）设有机械循环的热水系统

续表

分类	特点	适用范围
半即热式水加热器	(1) 贮热换热一体，换热部分分类同快速式水加热器，贮热量很小； (2) 需配随用水量变化通过流量或压力传感元件调节热媒流量的温度调节与控制装置，使出水温度稳定在设定温度±3℃以内； (3) 需配置精度和安全度高的温度和压力控制阀件； (4) 无冷/温水区	(1) 热源供应能满足设计秒流量所需耗热量的要求； (2) 热媒为蒸汽时，其最低工作压力不小于 0.15MPa，且供汽压力稳定； (3) 设备机房面积小； (4) 用水较均匀的热水系统
快速式水加热器	(1) 热媒与被加热水均快速流动、快速换热，贮热量很小； (2) 采用符合生活热饮用水质要求的蒸汽与冷水混合直接加热冷水，全部利用蒸汽热量，省去凝结水回收系统； (3) 无储存调节容积，当用于生活热水系统时，需配贮热水箱联合使用	(1) 以太阳能、热泵为热源的循环加热系统； (2) 耗热量稳定的游泳池池水加热； (3) 无凝结水回收系统的中小型热水系统

(2) 设计选用要点

水加热器应根据热源、热媒的特点、供热能力、集中热水供应系统的设计小时耗热量、设计秒流量所需耗热量、用户使用要求等合理选择。集中热水供应系统的贮水器贮热量应符合下列规定：

1) 导流型容积式水加热器、半容积式水加热器的贮热量应满足表 2-5 的要求。

水加热器的贮热量   表 2-5

加热设施	以蒸汽和95℃以上的热水为热媒时		以≤95℃的热水为热媒时	
	工业企业淋浴室	其他建筑物	工业企业淋浴室	其他建筑物
导流型容积式水加热器	≥20minQ_h	≥30minQ_h	≥30minQ_h	≥40minQ_h
半容积式水加热器	≥15minQ_h	≥15minQ_h	≥15minQ_h	≥20minQ_h

2) 快速式水加热器用于生活热水系统时，应设贮热水箱（罐）；贮热量宜根据热媒供应情况按导流型容积式水加热器或半容积式水加热器确定。

(3) 安装要点

1) 导流型容积式、半容积式水加热器的前端应有满足检修时抽出加热盘管所需的空间或条件。

2) 水加热器侧面离墙、柱之间净距及水加热器之间的净距一般不小于 0.7m，后端离墙、柱之间净距不小于 0.5m。

3) 各类阀门和仪表的安装高度应便于操作和观察。

4) 水加热器上部附件（一般指安全阀）的最高点至建筑结构最低点的垂直净距应满足安装检修的要求，并不得小于 0.2m。

5) 热力管道的伸缩应尽量利用自然补偿。

(4) 相关标准

GB 50015—2019　建筑给水排水设计标准

CJ/T T163—2015　导流型容积式水加热器和半容积式水加热器

2.2.2　太阳能热水系统

（1）适用范围及特点

太阳能热水系统是将太阳辐射转换为热能以加热水并输送至各用户所必需的完整系统，通常包括太阳能热水器、贮水设施、水泵、连接管及其他部件、控制系统和辅助热源设施。

（2）产品分类性能及设置条件

根据系统的集中程度可分为分散集热、分散贮热的分散式太阳能热水系统；集中集热、分散贮热的半集中式太阳能热水系统；集中集热、集中贮热的集中式太阳能热水系统。

根据集热方式可分为自然循环系统、强制循环系统和非循环直流式系统。根据集热器与贮热水箱（罐）的分合状态可分为分离式太阳能热水系统和整体式太阳能热水系统。根据被加热水的加热方式可分为直接加热系统和间接加热系统。太阳能热水系统按集热器分类及图示见表 2-6。

太阳能热水系统按集热器分类及图示　　　　　　　　表 2-6

分类	主要特征	图示
平板型	接收太阳辐射并向其传热工质传递热量的非聚光型部件，吸热体结构基本为平板形状。结构简单，抗冻能力较弱，耐压和耐冷热冲击能力强，价格较低	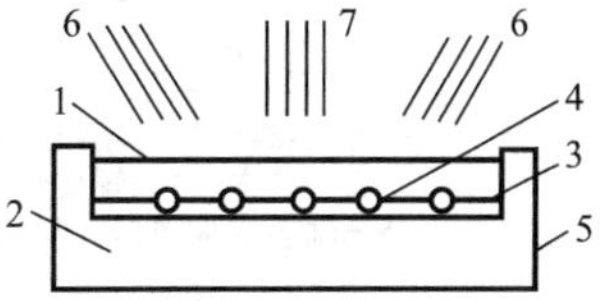 　1—透明盖层；2—隔热材料；3—吸热板；4—排管；5—外壳；6—散射太阳辐射；7—直射太阳辐射
全玻璃真空管型	采用透明管（通常为玻璃管）并在管壁与吸热体之间有真空空间的太阳能集热器，水流经玻璃管直接加热。结构简单，价格适中，具有一定的抗冻、耐压和耐冷热冲击能力	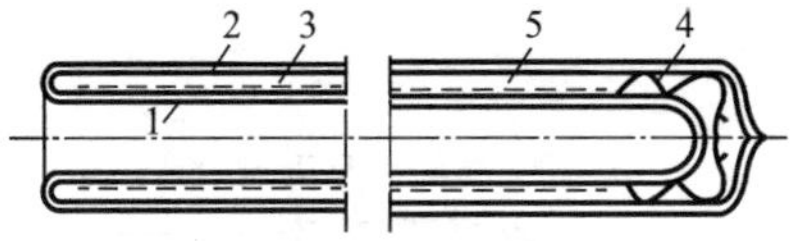 　1—内玻璃管；2—外玻璃管；3—真空；4—有支架的消气剂；5—选择性吸收表面
金属-玻璃真空管型	采用玻璃管外罩，将热管直接插入管内或应用 U 形金属管吸热板插入管内的集热管。抗冻、耐压和耐冷热冲击能力强，价格较高	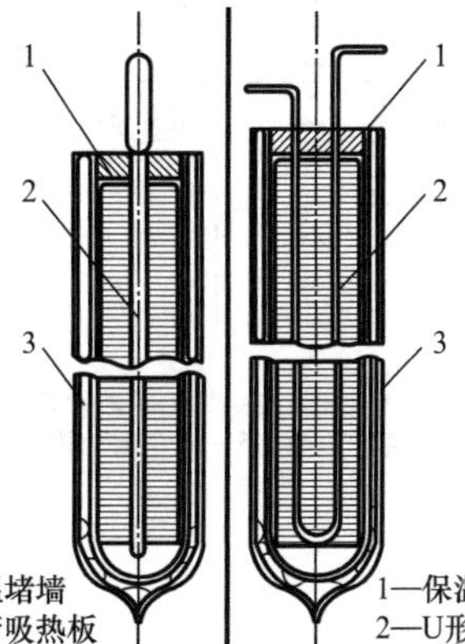 　1—保温堵墙　1—保温堵墙　2—热管吸热板　2—U 形管吸热板　3—全玻璃真空管　3—全玻璃真空管

（3）设计选用要点

常用太阳能热水系统图示及选用要点见表 2-7。

常用太阳能热水系统图示及选用要点　　　　表 2-7

名称		图示	系统特点	选用要点	优缺点
直接供水	自然循环（一）	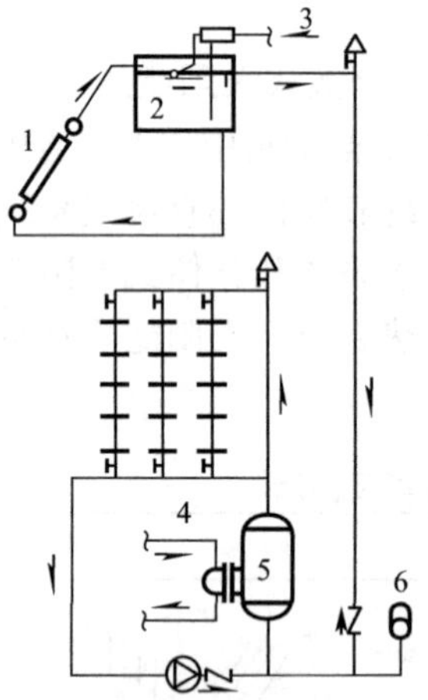 1—集热器；2—集热贮热水箱； 3—冷水；4—辅助热源； 5—辅热水加热器；6—膨胀罐 图 1	（1）集热、贮热设备与辅热水加热器上、下分设。 （2）集热、贮热水箱箱底高于集热器上集管。 （3）闭式供水系统	（1）屋顶允许设置集热、贮热水箱，但无条件设辅热水加热器。 （2）无水冻地区。 （3）冷水硬度≤150mg/L。 （4）宜有高于蓄热水箱≤1m³ 的冷水箱补给冷水。 （5）冷热水箱高度满足系统水压要求。 （6）日用热水量较小	（1）自然循环集热节能。 （2）系统较简单经济。 （3）水压稳定冷热水压力平衡。 （4）集热、贮热水箱大而高与建筑立面难协调。 （5）受适用范围控制条件多
	自然循环（二）	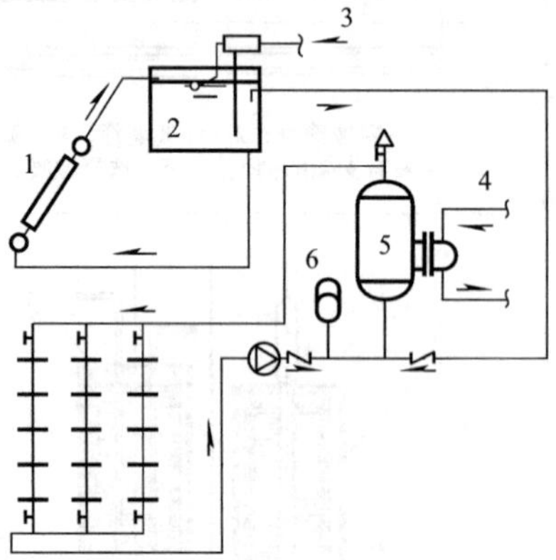 1—集热器；2—集热贮热水箱；3—冷水； 4—辅助热源；5—辅热水加热器；6—膨胀罐 图 2	（1）集热、贮热设备与辅热水加热器均设在屋顶。 （2）同上自然循环（一）。 （3）同上自然循环（一）	（1）屋顶允许并有条件设置集热、贮热、辅热设备。 （2）、（3）、（4）、（5）、（6）均同上	与图 1 比较，设备集中便于管理。其他优缺点同图 1

续表

名称	图示	系统特点	选用要点	优缺点
直接供水 自然循环（三）	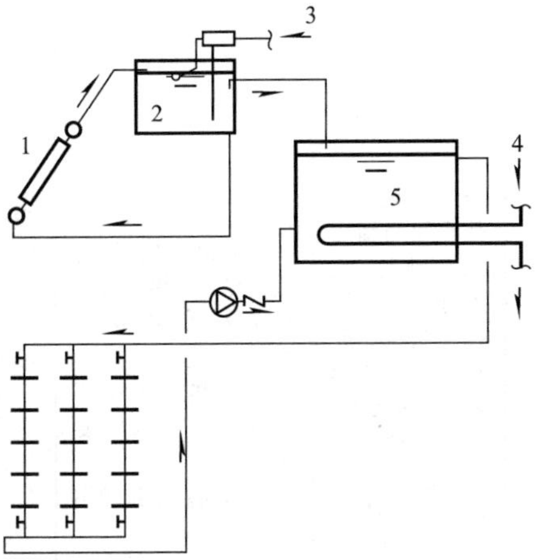 1—集热器；2—集热水箱；3—冷水； 4—辅助热源；5—供热水箱 图 3	（1）、（2）同自然循环（二）。 3 开式供水系统	同自然循环（二）	与图 2 比较： （1）集热水箱只集热，不贮热、体型缩小，便于与建筑立面协调。 （2）贮、辅热水箱比辅热水箱加热器便廉。 （3）辅热效果差
自然循环（四）	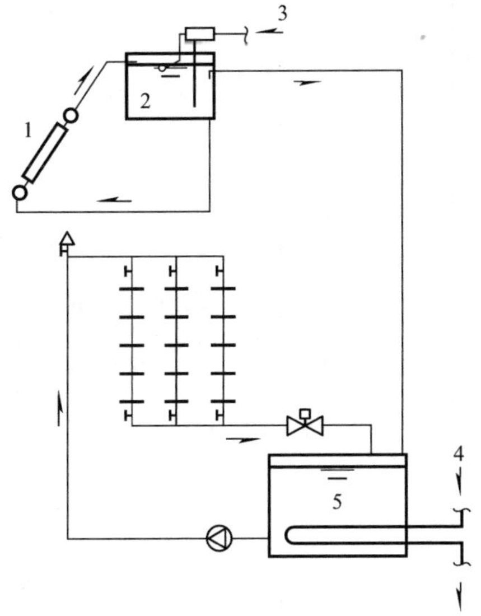 1—集热器；2—集热水箱；3—冷水； 4—辅助热源；5—供热水箱 图 4	同自然循环（一）	（1）屋顶允许设集热水箱，但无条件设贮热、辅热水箱。 （2）无水冻地区。 （3）冷水硬度≤150mg/L。 （4）系统冷热水压力平衡要求不严。 （5）日用热水量较小	同图 3 优点。 （1）辅热效果差。 （2）热水另加泵供水，不利于冷热水水压力平衡

名称	图示	系统特点	选用要点	优缺点
直接供水	强制循环（一）	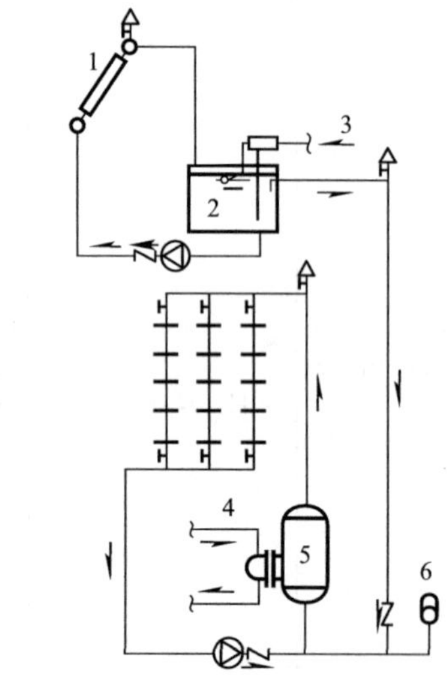 1—集热器；2—集热贮热水箱；3—冷水； 4—辅助热源；5—辅热水加热器；6—膨胀罐 图5	（1）集热、贮热水箱与辅热水加热器上、下分设。 （2）集热、贮热水箱和集热器可分开设置，水箱可位于集热器之下。 （3）闭式供水系统	（1）屋顶或顶层允许设集热、贮热水箱。 （2）冷水硬度≤150mg/L。 （3）冷热水水箱高度满足系统水压要求。 （4）日用热水量较小	与图1比较： （1）集热、贮热水箱不受高度限制可放室内。 （2）强制集热循环，集热效率高。 （3）加循环泵耗能
	强制循环（二）	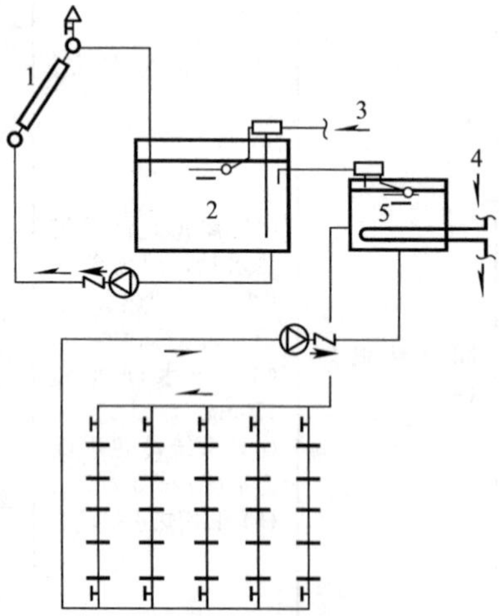 1—集热器；2—集热贮热水箱；3—冷水； 4—辅助热源；5—供热水箱 图6	（1）集热、贮热水箱与辅热供水箱均可位于室内。 （2）开式供水系统	（1）屋顶或顶层有条件设置冷热水箱。 （2）冷水硬度≤150mg/L。 （3）冷热水水箱高度满足系统水压要求	与图3比较： （1）集热、贮热水箱一体可位于顶层，利于与建筑立面协调。 （2）辅热供水水箱小，有利于节能、快速供热水。 （3）集热效率高。 （4）加循环泵耗能

名称		图示	系统特点	选用要点	优缺点
直接供水	强制循环（三）	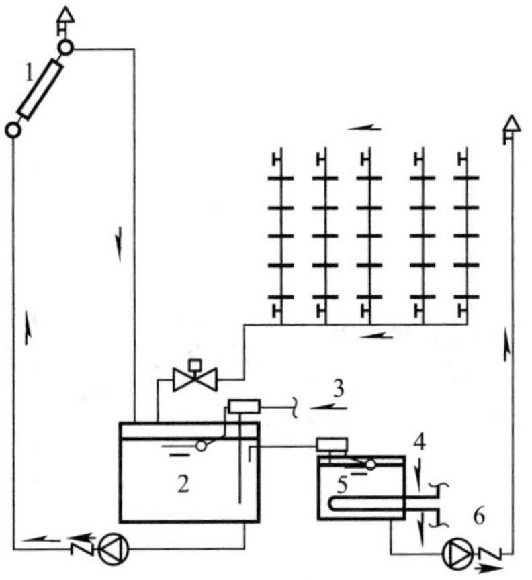 1—集热器；2—集热贮热水箱；3—冷水； 4—辅助热源；5—供热水箱；6—供水泵 图 7	（1）集热、贮热水箱与辅热供水箱可放在下部机房内。 （2）开式系统	（1）屋顶无条件设高位冷、热水箱。 （2）冷水硬度（碳酸钙计）≤150mg/L。 （3）系统冷热水压力平衡要求不严	与图6比较： （1）集、贮、辅热水箱可位于下部机房，更有利于与建筑协调。 （2）热水需单设加压泵供水，不利于冷热水压力平衡
	强制循环（四）	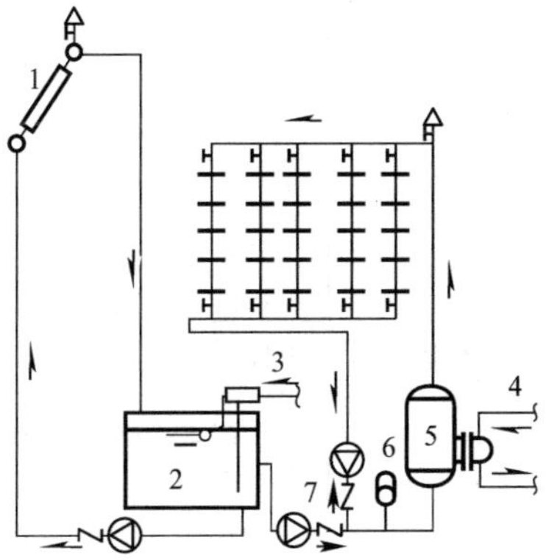 1—集热器；2—集热贮热水箱；3—冷水； 4—辅助热源；5—水加热器； 6—膨胀罐；7—供水泵 图 8	（1）集热、贮热、辅热集于一水箱，水箱位于下层设备机房。 （2）闭式供水系统	（1）屋顶无条件设高位冷、热水箱。 （2）冷水硬度（碳酸钙计）≤150mg/L。 （3）系统冷热水压力平衡要求不严	与图4比较： （1）不设屋顶集热水箱。 （2）集热效率高。 （3）加循环泵耗能

名称	图示	系统特点	选用要点	优缺点
间接换热供水 非循环直流式（一）	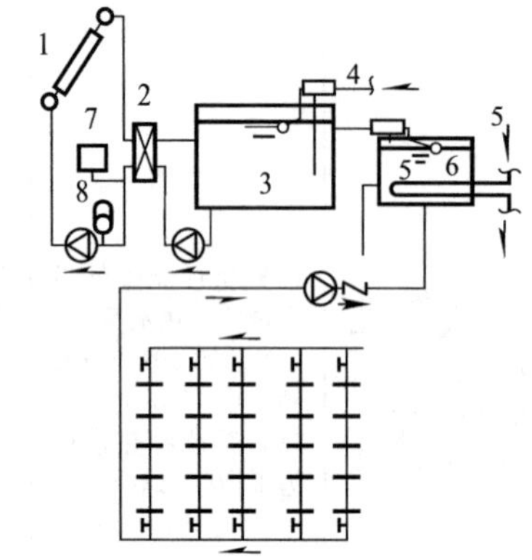 1—集热器；2—板式换热器； 3—集热贮热水箱；4—冷水；5—辅助热源； 6—供热水箱；7—补水系统；8—膨胀罐 图9	同直接供水强制循环（二）图示	（1）屋顶或顶层有条件设置冷、热水箱。 （2）冷、热水箱高度满足系统水压要求	与图6比较： （1）集热泵系统中的工质仅作热媒用，有利于设备防冻及水垢的危害，集热效率高。 （2）增加板换循环泵等
非循环直流式（二）	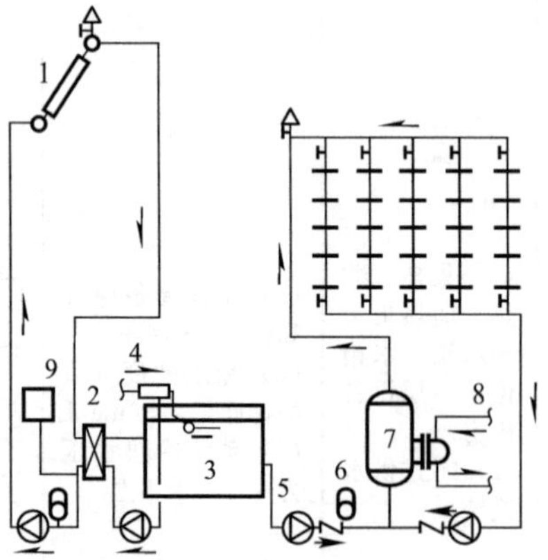 1—集热器；2—板式换热器； 3—集热贮热水箱；4—冷水；5—供水泵； 6—膨胀罐；7—辅热水加热器； 8—辅助热源；9—补水系统 图10	同直接供水强制循环（三）图示	（1）屋顶或顶层无条件设置冷、热水箱。 （2）系统冷热水压力平衡要求不严	与图9比较： （1）集热、贮热、辅热水箱可位于地下室等处，布置灵活。 （2）热水另加泵供水，不利于系统冷热水压力平衡

名称	图示	系统特点	选用要点	优缺点
非循环直流式（三）	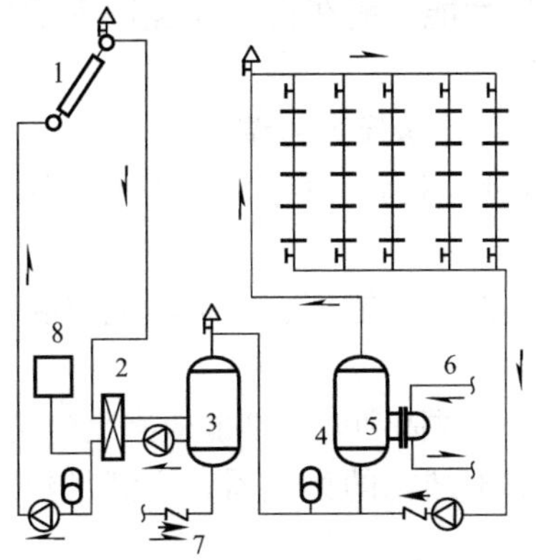 1—集热器；2—板式换热器；3—水加热器； 4—膨胀罐；5—辅热水加热器； 6—辅助热源；7—冷水；8—补水系统 图 11	（1）集热、贮热与辅热分设水加热器。 （2）闭式供水系统	（1）冷水硬度＞150mg/L。 （2）系统冷、热水压力平衡要求较高。 （3）日用热水不大	（1）有利于系统冷热水压力平衡。 （2）利用冷水压力，节能。 （3）集、贮、辅热设备造价较高
间接换热供水 / 非循环直流式（四）	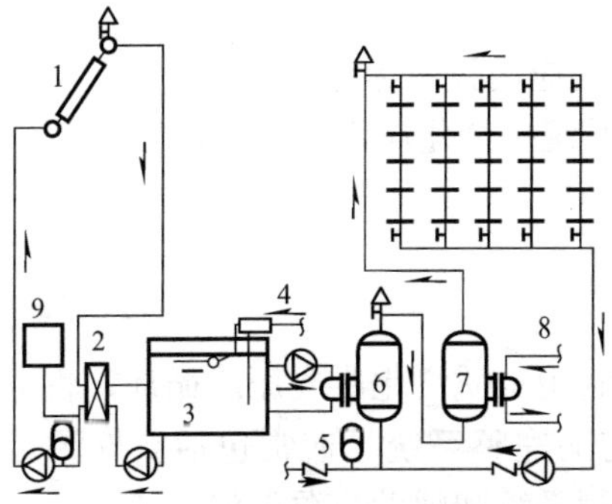 1—集热器；2—板式换热器；3—集热贮热水箱； 4—冷水；5—膨胀罐；6—水加热器； 7—辅热水加热器；8—辅助热源；9—补水系统 图 12	（1）日集热量贮存在集、贮热水箱中，供热水加热器可小型高效。 （2）集热、供热均为闭式系统	（1）日用热水量大的系统。 （2）对热水水质、水压要求高的系统	与图 11 比较： （1）集热效率高。 （2）有利于保证热水水质。 （3）贮热部分造价较便宜。 （4）循坏泵多耗电
非循环直流式（五）	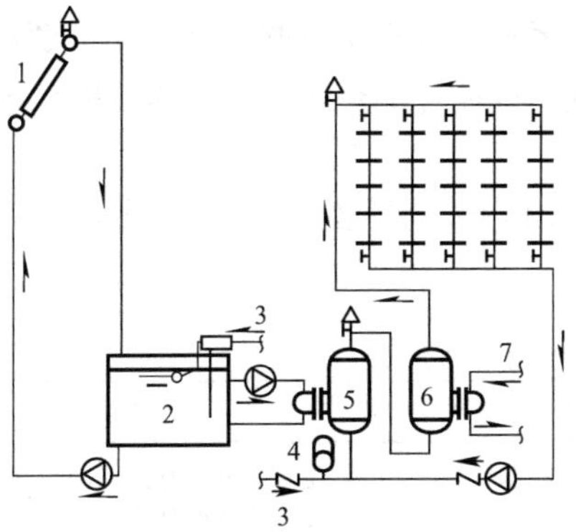 1—集热器；2—集热贮热水箱；3—冷水； 4—膨胀罐；5—水加热器； 6—辅热水加热器；7—辅助热源 图 13	（1）同上 1。 （2）集热为开式系统，供热为闭式系统	（1）同上 1。 （2）对热水水质水压要求较高的系统	与图 12 比较： （1）系统简单，省去了板换定压补水等设备。 （2）集热效率不如上图式高

1）太阳能集热器的类型应根据热水供应系统形式、供水水质、工作压力、经济因素等合理选择。

2）太阳能集热器的热性能、光学性能、力学性能、耐久性等应经国家质量监督检验机构检测，且各项性能均应符合国家标准的要求。

3）集热器的结构形式、模块的规格、尺寸应与建筑模数协调。

4）作为屋面板的太阳能集热器所构成的建筑坡屋面，其刚度、强度、热工、防护功能应按建筑围护结构设计。

5）构成建筑墙面的集热器，其刚度、强度、热工、锚固、防护功能应满足建筑围护结构的要求。

6）构成阳台板的集热器其刚度、强度、高度、锚固和防护功能应满足建筑设计要求。

7）嵌入建筑屋面、阳台、墙面或建筑其他围护结构的集热器，应满足建筑围护结构的承载、保温、隔热、隔声、防水、防护等要求。

8）架空在建筑屋面和附着在阳台或墙面上的集热器应有足够的承载能力、刚度、稳定性和相对于主体结构的位移能力。

9）集热器应方便安装、维护检修。

（4）相关标准

GB 50364—2018　民用建筑太阳能热水系统应用技术标准

DBJ 14-077—2011　居住建筑太阳能热水系统一体化应用技术规程

2.2.3　空气源热泵热水系统

（1）适用范围及特点

空气源热泵热水系统是采用电动机驱动，利用工质汽化冷凝压缩循环，将空气中的热量转移到被加热的水中并输送至各用户所必需的完整系统。通常包括空气源热泵热水机组、贮水设备、水泵、连接管及其他部件、控制系统和辅助热源设施。

（2）产品分类性能及设置条件

建筑集中生活热水商用型空气源热系热水系统按贮热水箱（罐）中热水承压方式可分为承压式和非承压式空气源热泵热水系统；据主机与贮热水箱（罐）间的换热工质不同可分为工质加热循环和热水加热循环的空气源热泵热水系统；根据被加热水通过空气源热泵热水机组一次或循环加热到设定温度，可分为一次加热式或循环加热式空气源热泵热水系统。

（3）设计选用要点

建筑集中生活热水主要以室外空气源直接式和室外空气源间接式为主，常用的空气源热泵热水系统特点见表 2-8。

常用的空气源热泵热水系统特点　　　　表 2-8

名称	系统特点	适用范围	优缺点
室外空气源直接式	收集热空气中的余热经热泵机组换热后供热水	适于最冷日平均气温≥10℃的地区采用	空气源热泵一般比水源热泵价格高，耗电较大，技术更复杂些
室外空气源间接式	以热水箱作为贮热、供热设备	同室外空气源直接式	（1）同室外空气源直接式；（2）需另设热水加压泵，不能利用冷水压力，且不利冷热水供水压力的平衡

（4）安装要点

1）空气源热泵机组不得布置在通风条件差、环境噪声控制严及人员密集的场所。

2）成组布置的空气源热泵热水机组应采用并联方式换热，机组宜采用同程管路的形式保证各台机组工作的均衡性。热泵机组的布置和管道连接，应符合工艺流程，并应便于安装操作与维修。

（5）相关标准

国家标准图集——16S122水加热器选用及安装

2.3 热水消毒设备

建筑生活热水系统消毒设备按不同的消毒原理可分为紫外线催化二氧化钛（AOT）、银离子或二氧化氯等灭菌措施，目前国内尚无热水系统专用二氧化氯消毒的设备。

2.3.1 紫外线催化二氧化钛（AOT）装置

（1）适用范围及特点

紫外线催化二氧化钛（AOT）适用于热水供水温度低于 60℃ 的生活热水供水系统，AOT主要对水消毒，即在水流经过紫外线催化二氧化钛灯管时瞬时杀灭水中的军团菌等微生物，其特点是瞬间性、高效性、对环境不会产生危害。

（2）设置条件

设备安装前对系统进行彻底清理；设备进出口两面留有不小于 0.8m 的操作空间，且上方应留有不小于 1.2m 的检修空间，以方便设备的维修和保养。

（3）设计选用要点

AOT在集中生活热水系统应用中有两种安装方式如图 2-2 所示，图 2-2(a) 为 AOT 安装在供水管上，所有进入系统的水都经过消毒器，消毒彻底，但此种安装方式时，AOT按设计秒流量选用，设备管径较大，但系统一天使用过程中达到秒流量的工况时间较短，因此设备的利用率较低，不经济；图 2-2(b) 为 AOT 安装在回水管道上，按循环流量选择，减小了设备选型管径，但是此种设置方式就仅对回水进行消毒。综合考虑，当冷水水质有保障且系统中没有冷温水死水区的情况下，选择图 2-2(b) 的安装方式不仅可以保证循环效果，经济性较高，并且回水温度相对低，结垢可能性小，有助于延长 AOT 的使用寿命，在设备投入使用后要定期对设备和管壁进行清洗、更换。

（4）安装要点

1）设备的进出水口应安装阀门，以便在维修和保养时切断水流；触摸石英套管、紫外线灯时应佩戴干净的手套；如果水系统长时间不使用，应关闭设备电源，以避免系统过热；设备禁止在系统没有水的情况下运行。

2）电控柜的正面有运行时间显示器，当设备连续工作一年之后（大约 9000 小时），应当更换紫外线灯。

3）设备反应器内壁、石英套管定期检查清洗，清洗时先用棉布蘸弱酸擦拭，然后用柔软干布擦净，勿用手直接接触已擦净的石英套管表面，具体周期按照实际处理的水质确定。

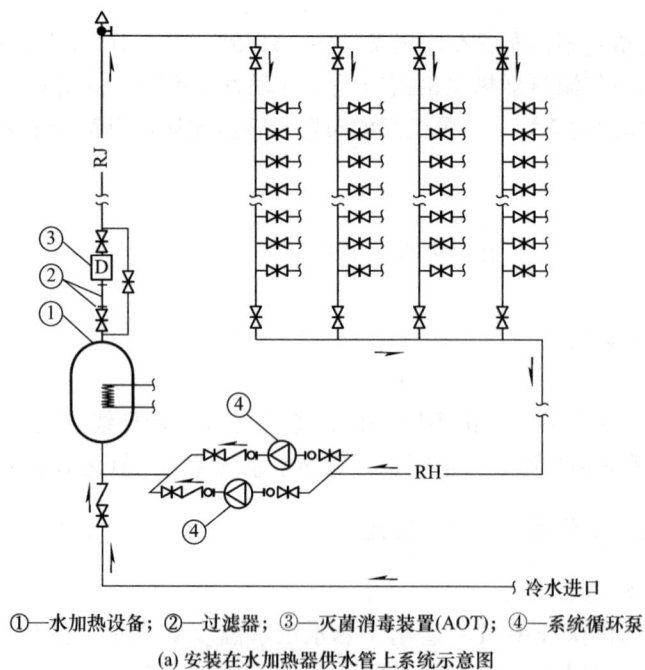

①—水加热设备；②—过滤器；③—灭菌消毒装置(AOT)；④—系统循环泵

(a) 安装在水加热器供水管上系统示意图

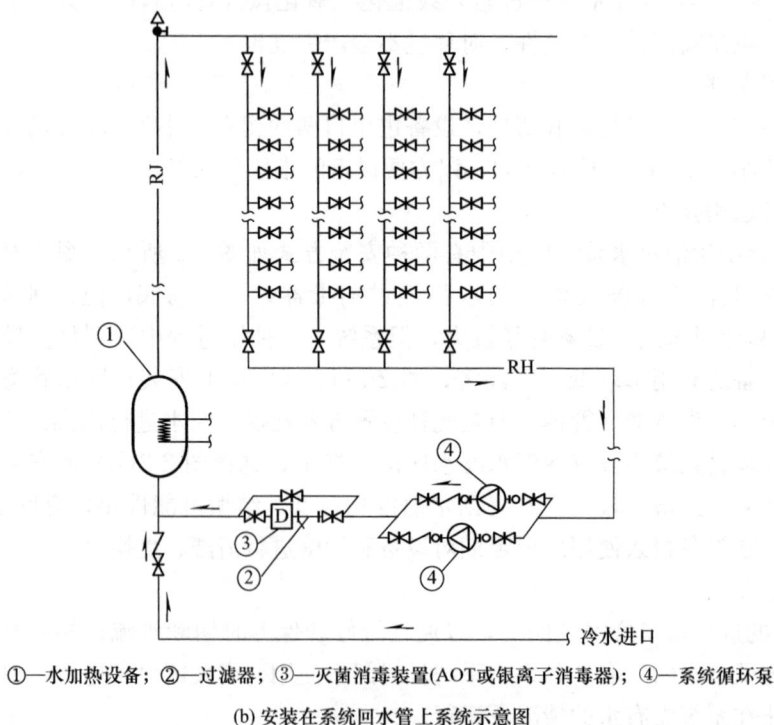

①—水加热设备；②—过滤器；③—灭菌消毒装置(AOT或银离子消毒器)；④—系统循环泵

(b) 安装在系统回水管上系统示意图

图 2-2　AOT 集中生活热水系统应用示意图

4）紫外线灯灯管伤害眼睛和皮肤，工作人员通过 UV 观察孔观看光源时，应保持一定距离，不可长时间观看。

5）AOT 装置后端的管网安装完毕验收前应进行消毒处理，运行时应防止污染。

（5）相关标准

GB 50015—2019 建筑给水排水设计标准

2.3.2 银离子消毒器

（1）适用范围及特点

银离子消毒器适用于热水供水温度低于 60℃的生活热水供水系统，银离子消毒器消毒效果具有长效性，能对过水及整个系统管内壁进行消毒灭菌，抑制管壁生物膜的形成，从而对热水水质起到保障作用。

（2）设置条件

银离子消毒灭菌的方法是管道内充满含有银离子的水，连续循环 3 小时，因此它应安装在水加热设施的总回水管上，可起到 100％灭菌的作用。

（3）设计选用要点

1）严格把控水中银的浓度（《生活饮用水卫生标准》GB 5749—2022 中规定银离子浓度小于 0.05mg/L），选择此类消毒方法时最好能有在线实时监测水中银离子浓度的装置。

2）循环水泵运行既要满足正常用水工况循环又要满足灭菌过程中的循环，因此循环泵的控制尤为重要，除了自控，应该带手控，银离子消毒器厂商应该给出详细的设备运行及控制方法。

3）银片重量应保证更换周期为 3 年～5 年，且设备商应该提供银片的更换服务。

（4）安装要点

1）银离子消毒器基本原理是通过水的导电性来实现电解，故不能安装在纯水系统。

2）定期检测银离子浓度。消毒器设备均设有取样口，在银离子工作时，取样口处的浓度限值不宜超过 0.08mg/L。

3）定性检测的银离子浓度检测盒。

4）设备的检查清洗应随着整个热水系统的检查同时进行，同时由于本设备有自动倒极功能，故一般来说，不会在银板上形成结垢。

（5）相关标准

GB 50015—2019 建筑给水排水设计标准

第 3 章　建筑排水

3.1　卫生器具

3.1.1　概述

卫生器具产品包括洗脸盆、坐便器、小便器、蹲便器、洗涤盆。洗脸盆用于洗手、洗脸，小便器用于小便，坐便器和蹲便器用于小便、大便，洗涤盆用于洗涤器具。

坐便器、小便器、蹲便器通过水箱或冲洗阀进行冲洗，洗脸盆、洗涤盆直接使用自来水。

3.1.2　产品分类

（1）坐式大便器

坐式大便器按照冲水模式一般分为单挡坐便器和双挡坐便器。按照现行行业标准《节水型生活用水器具》CJ/T 164 的规定，单挡坐便器和双挡坐便器大挡应在规定用水量下满足冲洗功能要求。双挡坐便器小挡应在规定用水量下满足洗净功能、污水置换功能、水封回复功能和卫生纸试验的要求，且双挡坐便器的小挡不应大于名义用水量的 70%。

（2）小便器、蹲式大便器

小便器、蹲式大便器应配套采用延时自闭冲洗阀、感应式冲洗阀、脚踏冲洗阀。公共场所的卫生间洗手盆应采用感应式或延时自闭水嘴。

设置小便器和蹲便器的场所多为公共建筑卫生间。为了满足公共建筑节水的目标，同时兼顾卫生安全因素，采用延时自闭冲洗阀、感应式冲洗阀、脚踏冲洗阀，在使用者离开后，会定时自动断水，具有限定每次给水量和给水时间的功能，有较好的节水性能。

（3）洗脸盆等卫生器具

洗脸盆等卫生器具应采用陶瓷片等密封性能良好、耐用的水嘴，水嘴是对水介质实现启、闭及控制出口流量和水温度的一种装置，也是建筑给水系统中用水点末端的关键节水设备。推荐洗脸盆和厨房水嘴等接触式水嘴采用陶瓷片密封水嘴，要求该产品应符合现行国家标准《陶瓷片密封水嘴》GB 18145 的相关规定，在满足金属污染物析出限量、密封、流量及寿命性能等方面的要求外，还大大提高了节水性能。

（4）水嘴、淋浴喷头

现行行业标准《节水型生活用水器具》CJ/T 164 中对水嘴、淋浴喷头从流量特性、强度、密封性、启闭时间和寿命等方面给出了明确规定，在工程设计中推荐在水嘴、淋浴喷头内部设置限流配件（如限流片或限流器等），以便保证产品的节水性能。

（5）相关标准

CJ/T 164—2014　节水型生活用水器具

3.1.3 安装要点

（1）洗脸盆

1）壁挂式需安装紧固，避免松动或脱落。

2）靠墙安装面缝隙宜用玻璃胶密封，避免渗水。

（2）坐便器

1）壁挂式需安装紧固，避免松动或脱落。

2）排污口与建筑排污管连接需密封，避免漏气或漏水。

3）底部安装面缝隙宜用玻璃胶密封，避免移位或晃动。

（3）小便器

1）壁挂式需安装紧固，避免松动或脱落。

2）根据使用对象选择合适的安装高度。

3）底部安装面缝隙宜用玻璃胶密封，避免移位或晃动。

（4）蹲便器

1）不可使用水泥进行底部填充，避免胀裂产品。

2）水箱高度宜按厂家说明安装，避免影响冲水效果。

（5）洗涤盆

壁挂式需安装紧固，避免松动或脱落。

（6）相关标准

GB/T 6952—2015　卫生陶瓷

GB 25502—2017　坐便器水效限定值及水效等级

3.2 地漏

3.2.1 概述

地漏为接纳并传输地面积水至排水系统的装置，用于建筑物使用。地漏一般安装在卫生间、厨房以及阳台等经常有地面水的地面。有防臭、防虫、防溢水三重效果。

地漏的基本功能包括：

（1）首先能够将地面水顺利排放到下水管道内；

（2）其次能够阻挡排水管道内的臭气与管道水进入室内。

3.2.2 产品分类

按密封形式分为水封地漏、机械密封地漏、混合密封地漏和其他（表3-1）。

地漏按密封形式分类			表3-1
密封形式	水封地漏	机械密封地漏	混合密封地漏	其他
代号	S	J	H	Q

按使用功能或安装形式分为直通式地漏、侧墙式地漏、密闭式地漏、带网框式地漏、防溢式地漏、多通道式地漏、直埋式地漏和其他（表3-2）。

地漏按使用功能分类 表3-2

使用功能或安装形式	直通式地漏	侧墙式地漏	密闭式地漏	带网框式地漏	防溢式地漏	多通道式地漏	直埋式地漏	其他
代号	ZT	CQ	MB	WK	FY	DT	ZM	QT

3.2.3 设计选用要点

在选择的时候一定要考虑：排水速度、防臭效果、防堵塞易清理。

（1）水封地漏

水封地漏利用水密封，内部设有一个U形或N形存水弯，分为浅水封和深水封。排水时，水需要先到贮水弯中，然后再往下排，可以隔绝下水管道中的臭味和虫子，防止卫生间返味。

水封地漏防虫防臭效果较好，但不适用于水量少的干区，因为水封内存水干枯，会导致失去防臭防虫的密封性。

（2）隐形地漏

隐形地漏不同于常规地漏，表面没有各种孔洞，盖板表层部分有一个凹槽可以内嵌瓷砖，使地漏与周围的地板完美地融合在一起。隐形地漏可以避免造型太突兀，影响整体观感，在不影响排水的同时，完美地融入卫生间，从而达到隐形的目的。

（3）条形地漏

与常规的方形地漏相比，条形地漏拥有更大的排水面积，还能把多余的水暂存在地漏盖板下面，尤其适合大流量排水。洗澡的时候平常都会有毛发，容易阻塞地漏下水口，条形地漏通过二次过滤，可以有效防堵塞。

（4）连接口尺寸

外连接地漏产品的承口中部平均内径和承口深度、承口壁厚（图3-1）等，应符合相关的规定，外连接地漏构造尺寸要求应符合表3-3的规定。

外连接地漏构造尺寸要求（mm） 表3-3

适配排水管规格		承口直径（d）
公称外径（dn）	排水管壁厚（e）	
40	2.0~2.4	≥40.8
50		≥50.8
75	2.3~2.7	≥76
110	3.2~3.8	≥111.4

内连接地漏产品的承口中部平均内径和承口深度、承口壁厚（图3-2）等，应符合相关的规定，内连接地漏构造尺寸要求应符合表3-4的规定。

1）管螺纹连接尺寸应符合现行国家标准《55°密封管螺纹》GB/T 7306、《55°非密封管螺纹》GB/T 7307或《60°密封管螺纹》GB/T 12716的规定。

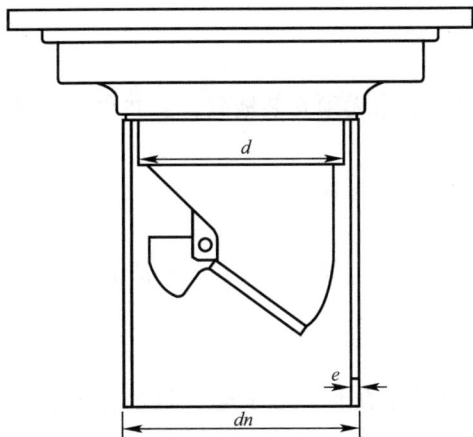

图 3-1　外连接地漏产品安装示意图

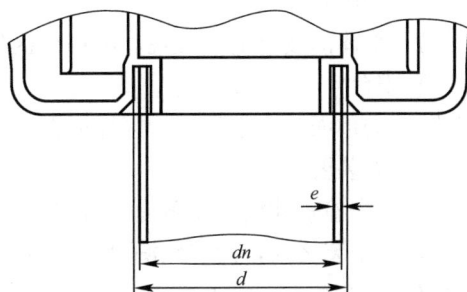

图 3-2　内连接地漏产品安装示意图

内连接地漏构造尺寸要求（mm）　　　　　　表 3-4

适配排水管规格		承口直径（d）
公称外径（dn）	排水管壁厚（e）	
40	2.0～2.4	≤35.1
50		≤45.1
75	2.3～2.7	≤69.5
110	3.2～3.8	≤102.3

2）地漏箅子、滤网孔径或孔宽能防止不小于 6mm 的颗粒物通过；带网框地漏应便于拆洗滤网。

3）水封地漏的水封深度不应小于 50mm。

4）有调节地漏上表面高度功能的地漏可调节高度不应小于 20mm，并应有调节后的固定措施。

5）防水翼环应在本体上，最小宽度不应小于 15mm，翼环位置距地漏最低调节面宜为（20±1）mm。

6）多通道式地漏接口尺寸和方位应便于连接器具接管，进口中心线位置应高于水封面，水封深度不应小于 50mm。

7）侧墙式地漏的构造应满足地漏底边低于进水口底部的高度不小于 15mm；距地面 20mm 高度内箅子的过水断面面积不小于排出口断面面积的 75%。

8）直埋式（同层排水）地漏总高度不宜大于 200mm。

（5）空间与地漏选择

通常地漏主要安装于卫生间、厨房、阳台等空间，每个空间的选择都有不同要求。

1）卫生间

卫生间主要分为湿区和干区，选地漏的侧重点也不太相同。

湿区主要满足日常的淋浴，下水量较大，且常有头发等杂质，首选排水速度快、不易堵塞的地漏，比如水封地漏或条形地漏。

干区下水量小，不推荐使用水封地漏，因为存水弯易干涸，导致返味，建议选择有自封功能的地漏，可以更好地防虫防臭。

2）厨房

住宅厨房地面长期干燥，排水的使用频率极低，通常无须安装地漏，公共食堂、厨房宜设置带网筐式地漏。

为了整体的效果更佳美观，厨房的区域内可以选择隐形地漏。

3）阳台

阳台的地面与卫生间的干区地面差不多，水量不多，建议选择有自封功能的地漏。

（6）安装要点

1）首先检查地漏有无破损，排水管有无堵塞；

2）在安装之前，检查地漏是否崭新、是否有破损、配件是否齐全、是否有污渍，管道内部是否有沙石、泥土等；

3）因地漏需要与地砖一起安装，所以在防水处理完毕后，就可以开始铺设地砖和地漏；

4）在地面上施工时，要预留地漏安装空间，而且要确保地漏在周围地砖的水平以下，即流水坡处理。

（7）相关标准

GB/T 27710—2020 地漏

3.3 同层排水系统

3.3.1 设计要点

同层排水系统的防水收口当降板（或者抬高完成面）不超过60mm时，除完成面需要做防水外，结构层可不做防水。当降板（或者抬高完成面）不超过150mm时，在以下情况，结构层可不做防水：应有充分的技术措施能够保障不会有水会沿管道和地漏的表面渗漏到垫层内；应有充分的技术措施能够保障完成面的防水能够达到国家标准规定的寿命。当降板（或者抬高完成面）超过150mm时，结构层表面和完成面均应做防水。结构层需要做防水时，立管根部应做防水收口，结构防水层应设置积水排除或者其他技术措施，保证结构防水层的可能水位不超过立管根部防水收口高度。

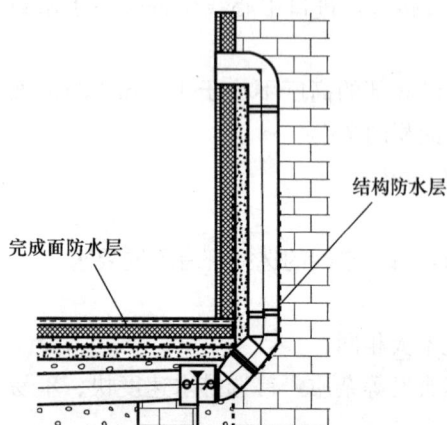

图 3-3 墙排同层排水示意图

3.3.2 器具选用及管道设计

（1）洗脸盆

同层排水系统墙排且有结构防水层时，执行图3-3的排水结构；同层排水系统墙排但没有结构防水层时，参考图3-3但忽略结构层防水。

（2）淋浴

同层排水的淋浴地漏构造应自带存水弯；异层排水的淋浴地漏的存水弯距离地漏出口不应大于800mm。

（3）污水池（墩布池）

当污水池上边缘高度小于 700mm 时，宜做下排水存水弯。当采用同层排水时，宜采用直埋式浴缸存水弯。

（4）排水横管汇集器

排水横管汇集器，宜用于器具排布密集区域，可用于空间狭小区域，具体设计如图 3-4 所示。

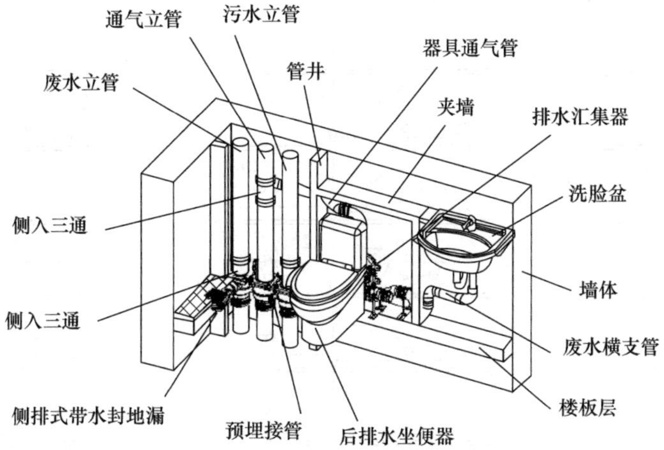

图 3-4 排水横管汇集器同层排水应用示例

（5）排水立管汇集器

排水立管汇集器穿越楼板层的部位应设有防水翼环或止水槽结构，部分埋设于楼板之中，水封或地漏底部下方应留有不小于 40mm 的混凝土保护层。排水立管汇集器用于降板同层排水安装时（图 3-5），宜附加沉池积水排除接口。

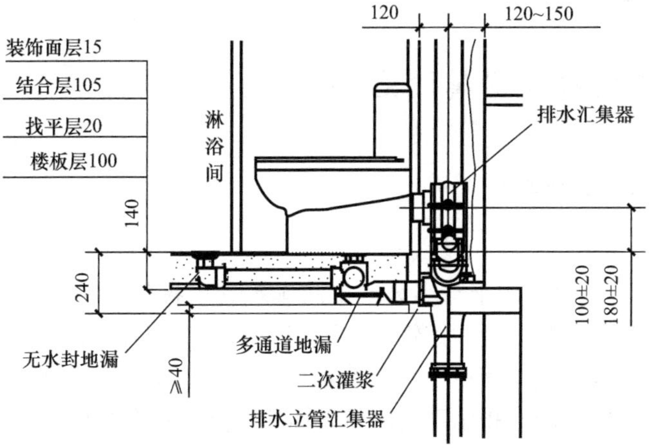

图 3-5 排水立管汇集器同层排水地漏安装示意图

（6）台口

台口是用于在建筑同层排水系统中完成面和结构楼板面都需要做防水的情况下，用于排除结构楼板面防水层上积水的专用构件。

3.4 特殊单立管排水系统

自通气特殊管件单立管排水系统（简称特殊单立管排水系统），排水立管通过分别采用特殊管件或特殊管材，或同时采用特殊管件和特殊管材，改变立管内水流形态，降低水流速度或者形成气液分离，控制立管内压力波动，以防止水封破坏导致排水系统内臭气进入室内的排水立管系统，如图 3-6 所示。

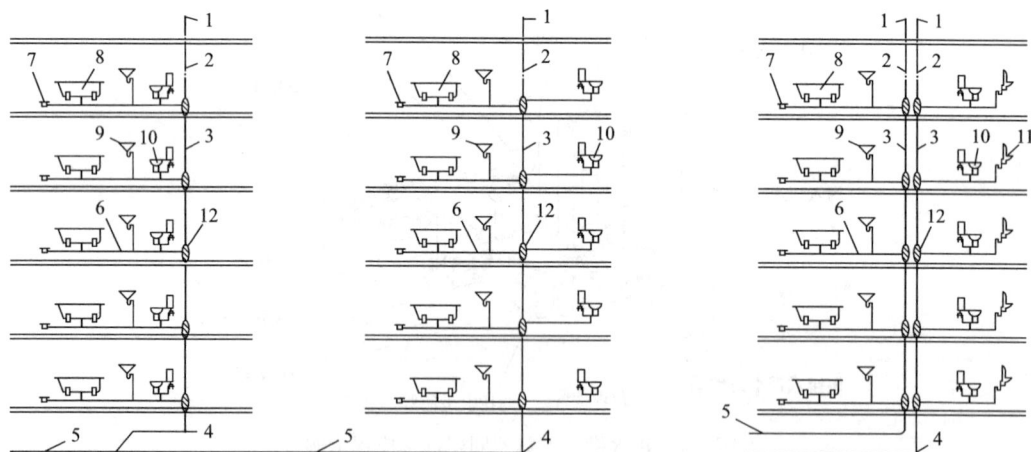

1—透气帽；2—伸顶通气立管；3—排水立管；4—底部弯头；5—排出管；6—横支管；
7—淋浴地漏；8—浴缸；9—洗脸盆；10—坐便器；11—小便器；12—特殊管件

图 3-6 自通气特殊管件单立管排水系统示意图

特殊单立管排水系统宜采用排出管扩径，立管底部弯头宜采用不小于 3 倍立管管径的大曲率半径异径弯头。

3.5 排水管道附件及附属设施

3.5.1 铸铁 U 形存水弯水封井

（1）概述

铸铁 U 形存水弯水封井用于与小区或市政排水管连接的建筑物排出管上设置的防止有害气体进入建筑物的水封装置。铸铁 U 形存水弯水封井由铸铁 U 形存水弯、铸铁排水管及管件组合安装而成。结构简单，具有阻隔有害气体进入建筑物排水系统、确保建筑排水系统排出管通气顺畅及防止排水系统水封破坏的功能。具有强度高、耐腐蚀、耐极限气候、使用寿命长等优点。

（2）结构尺寸要求

铸铁 U 形存水弯水封井（图 3-7）的水封深度不应小于 150mm。铸铁 U 形存水弯两侧竖管上端应设置清扫口，清扫口口径宜与存水弯管径相同。在存水弯入水的排出管管段应设置通气管接口，通气管接口口径不应小于排出管管径的 1/2，且大于或等于 DN75。通气管可接通气立管，也可接至外墙或埋地敷设通至室外地面伸出。地面伸出的通气管应连接弯头，使通气口朝下，通气口距地面距离不应小于150mm，或大于积雪或积水厚度。

（3）相关标准

GB/T 12772—2016 排水用柔性接口铸铁管、管件及附件

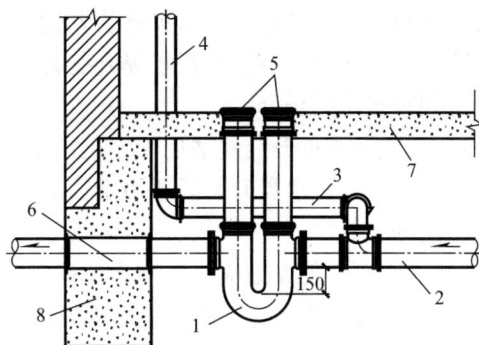

1—铸铁U形存水弯；2—排出管；3—通气横管；4—通气立管；
5—清扫口；6—防水套管；7—地板层；8—地基梁

图 3-7 铸铁 U 形存水弯水封井

3.5.2 污水提升装置

（1）概述

污水提升装置，是一种用于将废水或污水从低处输送到高处的装置。它主要由电机、泵体、阀门、控制器等组成，可广泛应用于住宅、商业建筑、公共场所以及工业领域等多个领域。污水提升装置的工作原理主要是当废水或污水达到一定高度时，污水提升装置会自动启动，将其吸入泵体；泵体内的叶轮开始旋转，将废水或污水提升至一定高度；当废水或污水被提升至指定高度后，泵体内的阀门会自动打开，将其排放到指定地点；整个过程中，控制器会对装置进行监控和控制，确保装置正常运行。

（2）装置基本要求和使用条件

1）基本要求

① 污水提升装置的工程设计应满足建（构）筑物排水的安全、卫生以及施工方便、维修容易等要求。

② 污水提升装置的性能应满足用户的排水流量、提升扬程的需求。

③ 采用污水提升装置的建（构）筑物应有保证装置进入安装位置的通道或吊装孔。

④ 污水提升装置近旁低处宜设集水坑，集水坑有效容积宜大于或等于 0.1m，坑深大于或等于 0.3m。当采用潜水排污泵排除集水坑内积水时，坑内应设液位开关，并通过控制器（盘）控制泵的启停。

⑤ 贮水箱（腔）外宜设置手动隔膜泵，当污水泵检修时，应通过人工操作排除贮水箱（腔）内污水。手动隔膜泵的出水应排入装置出水管，并在接入前设鹅颈管。

⑥ 污水提升装置的四周、上方应预留不小于 600mm 的安装、检修空间；坑内安装时，污水提升装置与四周坑壁、坑盖板的距离不宜小于 600mm。

2）使用条件

① 污、废水温度为 5℃～40℃，pH：6～9；

② 装置安装环境温度为 4℃～40℃；

③ 电源电压：单相 220V 或三相 380V，电源频率：50Hz；

④ 扬程范围：（0～60）m；

⑤ 流量范围：（0～100）m^3/h。

（3）设计选用要点

污水提升装置按污水贮存调节和控制方式分为贮存型和即排型，按污水泵的工作条件

分为干式和湿式，贮存型污水提升装置适用于用户排水不均匀，有贮存调节要求，且现场有安装空间的场合；即排型污水提升装置适用于用户排水较均匀，污水随进随排，且现场安装空间较狭小的场合。

1）湿式污水提升装置适用于输送污水温度小于或等于40℃，无腐蚀性或安装空间狭小的场合；干式污水提升装置适用于输送各种性质污水，但现场有安装空间且要求检查维护方便的场合。

2）污水泵性能参数应由下列方法确定：

① 污水提升装置的排水流量 q_t 应由生活排水设计秒流量确定，排水设计秒流量按现行国家标准《建筑给水排水设计标准》GB 50015 有关规定计算。当污水提升装置设置两台及以上污水泵同时运行时，每台污水泵流量 q_b 应按下式计算：

$$q_b = \frac{q_t}{n} \tag{3-1}$$

式中：q_b——每台污水泵流量（m^3/h）；

    q_t——污水提升装置排水流量（m^3/h）；

    n——同时开启污水泵台数。

② 污水泵的扬程采用应满足下式要求，并按出水管的最高点到污水提升装置的最低液位的垂直高度作为静扬程进行校核：

$$H_b \geqslant 10(H_1 + H_2 + H_3) \tag{3-2}$$

式中：H_b——污水泵的扬程（kPa）；

    H_1——污水提升的高度差（m），即污水出水管室外排出口中心与贮水箱（腔）最低水位间的高度差值；

    H_2——污水泵吸水管、出水管沿程和局部阻力损失之和（m），无固液分离器和进水端过滤器时，局部阻力损失取沿程阻力损失的20%。当有固液分离器和进水端过滤器时，局部阻力损失取值除20%的沿程阻力损失外，另加0.5m～1m；

    H_3——污水泵出水管附加的流出水头（m），当全扬程小于或等于20m时，宜取1m～2m；当全扬程大于20m时，宜取2m～3m。

③ 选择污水泵应查污水泵的 Q-H 特性曲线，H_b 值对应的水泵流量应大于或等于计算所得的排水流量值 q_b。

3）贮水箱（腔）的选用应符合下列规定：

（a）贮存型污水提升装置的贮水箱（腔）容积应按下式进行计算：

$$V = V_1 + V_2 + V_3 \tag{3-3}$$

式中：V——贮水箱（腔）的总容积（m^3）；

    V_1——贮水箱（腔）的有效容积（m^3），宜取（2.0～2.5）min 装置排水量，此容积应大于或等于出水管止回阀与鹅颈管之间的出水管容积；

    V_2——污水泵停泵时，贮水箱（腔）内所剩污水的容积（m^3）；若湿式安装时，停泵液位宜取潜水泵电机高度的一半，并应满足污水泵的吸程要求；

    V_3——贮水箱（腔）内启泵最高液位以上空间的容积（m^3）；最高液位以上空间高度可取 0.1m～0.15m。

（b）即排型污水提升装置贮水箱（腔）的有效容积宜取污水泵流量与其最小运行时间的乘积。

（c）建筑排水系统排水管管径不得大于污水提升装置进水管（口）管径。

4）污水提升装置出水管最小管径应符合表 3-5 的规定。

表 3-5

污水提升装置出水管最小管径

污水性质	管内流速（m/s）	最小管径（mm）	
生活污水	1.5～2.0	采用不带切割功能的污水泵	DN80
		采用带切割功能的污水泵	DN40
生活废水	0.7～1.5	—	DN40

注：2 台污水泵出水管合并排出，管内流速宜取 1.0m/s～1.2m/s；3 台污水泵出水管合并排出，管内流速宜取 1.5m/s～2.0m/s，且不应小于 0.7m/s。

5）污水提升装置管材和管件的承压能力应大于等于污水泵的公称压力，且不应小于 0.6MPa。污水提升装置的压力排水管不得与建筑物内的重力排水管合并排出。

6）为了防止室外排水管内的污水倒流回建筑物地下室，应在污水提升装置的出水管上装鹅颈管，鹅颈管的最低处标高应高出污水管的倒流液位 0.3m～0.5m。

7）贮水箱（腔）的通气管应连接建筑排水系统通气管或独立设置伸顶通气管，通气管的管径不应小于贮水箱（腔）进水管管径的 1/2，且不小于 50mm。无条件设置伸顶通气时，应设过滤除臭装置。

（4）安装维护

1）专业配合

① 建筑专业。污水提升装置宜设置在独立房间内，其地面应做好防水，并设排水设施。

② 结构专业。污水提升装置宜采用刚性混凝土基础。基础具体做法应由结构专业设计人员根据现场情况进行设计。基础顶面应平整规则，设备底座应与基础充分锚固。当基础设在底板或楼板上时，基础应直接落在承重板上。当基础设在地面上时，地基承载力标准值不低于 120kPa，达不到要求时，应进行地基处理。基础底面下设砂石垫层或灰土垫层，其厚度不小于 200mm，并充分夯实。主体结构专业设计人员应根据所选设备的荷载参数进行底板、楼板及设备基础的结构设计。

③ 电气专业。提供与污水提升装置相配套的动力电源及普通照明。当位于建筑物地下的污水提升装置不能设超越排出管时，应有不间断电源供应。

④ 暖通专业。污水提升装置设置在独立场所应设通风换气，换气次数不小于 3 次/h～5 次/h；设置在卫生间内时，换气次数不小于 6 次/h～8 次/h。

⑤ 给水排水专业。污水提供提升装置进水管、出水管、通气管、排污管与相应管道系统的接驳。污水提升装置附近宜设置清洗用水龙头及排水设施（地漏、地沟或集水坑）。

2）管道安装

① 管道安装时管道内和接口处应清洁无污物，施工中断和结束后应对敞口部位采取临时封堵措施。

② 对于不能参与灌水试验与试压的阀门、止回阀及附件应以临时盲板隔离或拆除，

并做明显标志和记录。

③ 污水提升装置外的金属管道和支架等金属构件应做防腐处理。当不锈钢管和管件与碳钢管材与管件连接时，应采取防止电化学腐蚀的措施。

3）试压调试

① 污水提升装置进水管的灌水试验和出水管的试压应按现行国家标准《建筑给水排水及采暖工程施工质量验收规范》GB 50242 的有关规定执行。

② 污水提升装置不得利用本身污水泵产生的水压进行进、出水管的试压和冲洗。

③ 污水提升装置安装完毕投入使用前，应进行调试。调试工作应由专业人员进行操作。调试时污水泵至少连续运行两个周期，且累计运行时间不应少于 30min。调试过程相应的资料和文字记录应立卷归档。

4）维护保养

① 装置因维护或停电暂停使用时，应及时切断进水管，并在相应的卫生间或器具旁发布停用告示。

② 维护保养人员应熟悉装置的原理、性能和维护规程，并按规程进行维护保养，在维护保养前应做好安全防护措施。

③ 污水提升装置异常时应及时停机，并按产品维护手册要求排除故障。

④ 贮水箱（腔）通气管排至室外路由应通畅，并保持安装场所的环境空气质量。

⑤ 装置长期停用前，应将水泵、阀门易锈蚀部位擦拭干净、涂覆油脂。

（5）安装要点

1）装置就位、固定。固定方式不应破坏结构本体及防水层。装置有减振措施时，就位前应放好减振器件。

2）装置与进、出水管进行连接，并进行通水试验且无渗漏。

3）装置及进、出水管道的冲洗。

4）当装置外集水坑内装有辅助排水泵时，应做好辅助排水泵出水管的连接。

（6）相关标准

GB 50015—2019　建筑给水排水设计标准

CJ/T 380—2011　污水提升装置技术条件

T/CECS 463—2017　污水提升装置应用技术规程

3.6　小型生活排水处理设备

3.6.1　化粪池

化粪池是通过厌氧菌腐化发酵分解有机物的技术措施，把生活污水简易初级处理后排入天然水体或城镇排水的一种装置。建筑排水化粪池可采用钢筋混凝土化粪池、玻璃钢成品化粪池及塑料化粪池。钢筋混凝土化粪池应符合现行行业标准《预制钢筋混凝土化粪池》JC/T 2460 的有关规定。

玻璃钢成品化粪池应符合现行行业标准《玻璃钢化粪池技术要求》CJ/T 409 的有关规定。

塑料化粪池应符合现行行业标准《塑料化粪池》CJ/T 489 的有关规定。

化粪池应设置通气管，引至适合排放的区域排放，排放地点执行现行国家标准《建筑给水排水设计标准》GB 50015 有关通气管排放区域的规定。

3.6.2　隔油设备

隔油设备是利用含油废水的油水比重差，采用自然上浮法分离去除废水中的可浮油与部分细分散油的装置。进行隔油处理的系统有公共食堂、餐厅厨房洗涤排水系统，肉类、食品加工企业的排水系统，含有少量汽油、煤油、柴油及其他工业用油的污水排水系统，如洗车台。

隔油设备可采用砖砌隔油池、钢筋混凝土隔油池、餐厨含油废水隔油设备，宜优先选用成品隔油设备。

餐厨含油废水隔油设备应符合现行行业标准《隔油提升一体化设备》CJ/T 410 的有关规定。

隔油设备的功能应符合现行国家标准《建筑给水排水设计标准》GB 50015 的规定。

隔油设备应设置通气管，引至适合排放的区域排放，排放地点执行现行国家标准《建筑给水排水设计标准》GB 50015 有关隔油设备通气管排放区域的规定。

3.6.3　污水泵、污水提升装置

污水泵和污水提升装置，是通过压力排水的方式，把污水从较低的区域排放到较高位置区域的设备。污水的排放，宜采用一体式污水提升装置。废水、雨水可采用集水坑压力排水。污水泵及污水提升装置，排水管路中应设置止回阀，应单独排至检查井或者化粪池，也可在系统排水能力和排水量合规的情况下排至重力排水系统中。污水提升装置选型时，应综合考虑泵的排水流量、排水压力及水箱容量、洁具总当量等多种因素。所选型号装置的水箱，在启动到停止之间的输送水量，不应小于压力管道中可存的水容积的 1.5 倍。污水提升装置的停止水位加上压力排水管道中的可存水容量后的上升水位，应低于污水提升装置的启动水位。1 个污水提升装置负荷超过 2 个大便器排水时，应设置通气管。

第 4 章　建筑雨水斗

4.1　重力流雨水斗

重力流雨水斗主要有铸铁进气型重力流雨水斗、铸铁侧入式雨水斗与承雨斗。

4.1.1　铸铁进气型重力流雨水斗

（1）产品特点及适用范围

铸铁进气型重力流雨水斗用于建筑屋面雨水重力流排水系统屋面雨水收集。其结构特点是通过在雨水斗进水口设置一定高度的进气管，使得重力流雨水系统在设计溢流范围内始终保持重力流态，避免因系统产生两相流或压力流，造成管道振动和超限压力损坏。进气型重力流雨水斗采用灰口铸铁制造，具有强度高、耐腐蚀、耐极限气候、使用寿命长等优点。球形格栅斗帽结构可防止树叶杂草堵塞进水口。

（2）规格尺寸

铸铁进气型重力流雨水斗规格尺寸应符合图 4-1 和表 4-1 的规定。

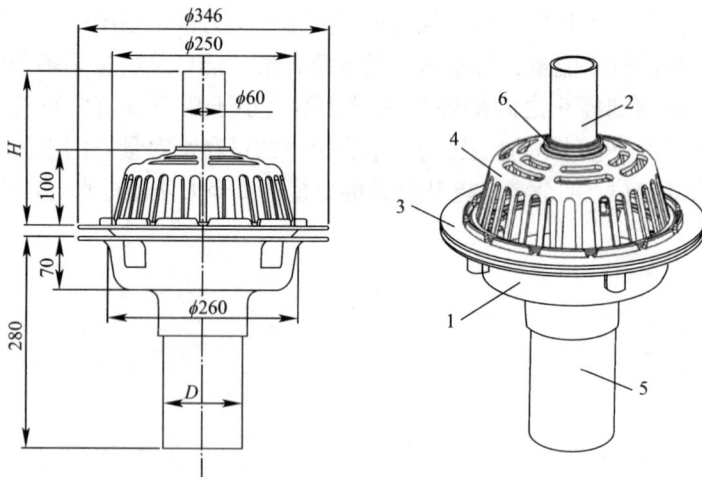

1—雨水斗本体；2—进气管；3—防水压盘；4—球形格栅斗帽；5—排出管；6—挤紧胶圈

图 4-1　铸铁进气型重力流雨水斗

（3）铸铁进气型重力流雨水斗材质为 HT150 灰口铸铁，产品技术要求应符合现行行业标准《建筑屋面排水用雨水斗通用技术条件》CJ/T 245 的有关规定。

型号代号	公称直径 DN	尺寸（mm）			重量（kg）
		外径 D	H	螺杆直径×长度	
SUNS-75	75	86	设计溢流液位高度	M8×55	13.63
SUNS-100	100	111		M8×55	14.16
SUNS-150	150	162		M8×55	15.15

铸铁进气型重力流雨水斗尺寸及重量　　表 4-1

4.1.2　铸铁侧入式雨水斗与承雨斗

（1）产品特点及适用范围

铸铁侧入式雨水斗与承雨斗配套用于建筑屋面雨水外墙重力流排水系统屋面雨水收集。其结构特点是侧入式雨水斗与承雨斗组合接入外墙雨落管，雨水排水过程中空气经承雨斗进入雨落管，使得重力流雨水系统在设计溢流范围内始终保持重力流态，避免因系统产生两相流或压力流，造成管道振动和超限压力损坏。铸铁侧入式雨水斗与承雨斗采用灰口铸铁制造，具有强度高、耐腐蚀、耐极限气候、使用寿命长等优点。

（2）规格尺寸

1）铸铁侧入式雨水斗

ZⅡBH 型侧入式雨水斗规格尺寸应符合图 4-2 和表 4-2 的规定。

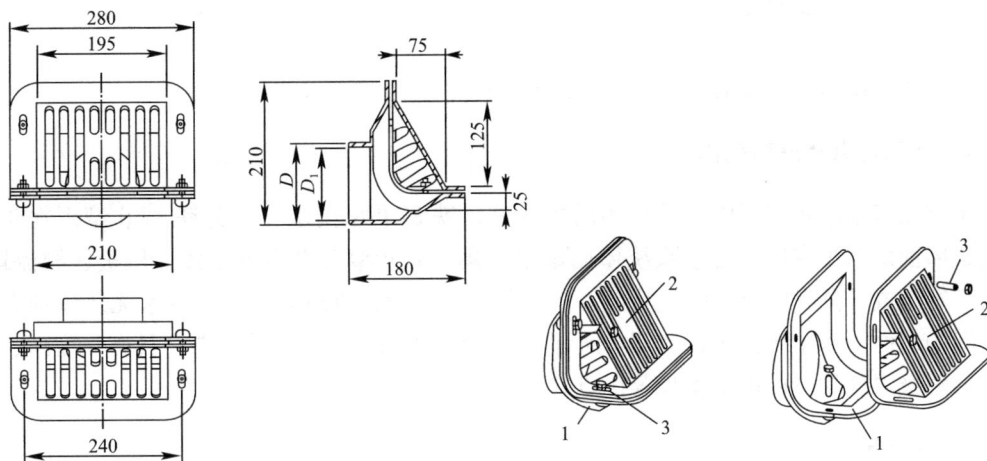

1—斗身；2—格栅压板；3—紧固螺杆及螺母

图 4-2　ZⅡBH 型侧入式雨水斗

型号代号	公称直径 DN	尺寸（mm）		紧固螺杆	重量（kg）
		外径 D	接口适用管材外径 D_1	直径×长度	
ZⅡBH-50	50	70	61	M8×30	5.70
ZⅡBH-75	75	96	86	M8×30	6.06
ZⅡBH-100	100	120	111	M8×30	6.00

ZⅡBH 型侧入式雨水斗尺寸及重量　　表 4-2

2）铸铁承雨斗

CⅠ型承雨斗规格尺寸应符合图 4-3 和表 4-3 的规定。

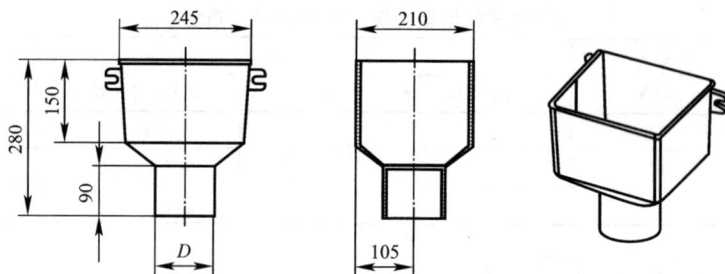

图 4-3 CⅠ型承雨斗

CⅠ型承雨斗尺寸及重量　　　　　　表 4-3

型号代号	公称直径 DN	尺寸（mm） D	重量（kg）
CI-75	75	86	13.43
CI-100	100	111	13.73

3）ZⅡBH 型侧入式雨水斗和 CⅠ型承雨斗，材质为 HT150 灰口铸铁，产品技术要求应符合国家标准《建筑屋面雨水排水铸铁管、管件及附件》GB/T 37357—2019 附录 B 的有关规定。

4.2　半有压流雨水斗

半有压流雨水斗主要有铸铁 87Ⅱ型雨水斗。

4.2.1　产品特点及适用范围

半有压流雨水斗工程中广泛采用的主要是铸铁 87Ⅱ型雨水斗，铸铁 87Ⅱ型雨水斗用于建筑屋面雨水半有压流排水系统屋面雨水收集。87Ⅱ型雨水斗由斗体、压板、导流罩、排出管等组成。具有整流、阻气功能，可满足系统的设计流态处于重力输水无压流和有压流之间的屋面雨水系统。铸铁 87Ⅱ型半有压流雨水斗采用灰口铸铁制造，具有强度高、耐腐蚀、耐极限气候、使用寿命长等优点。

4.2.2　规格尺寸

铸铁 87Ⅱ型雨水斗规格尺寸应符合图 4-4 和表 4-4 的规定。

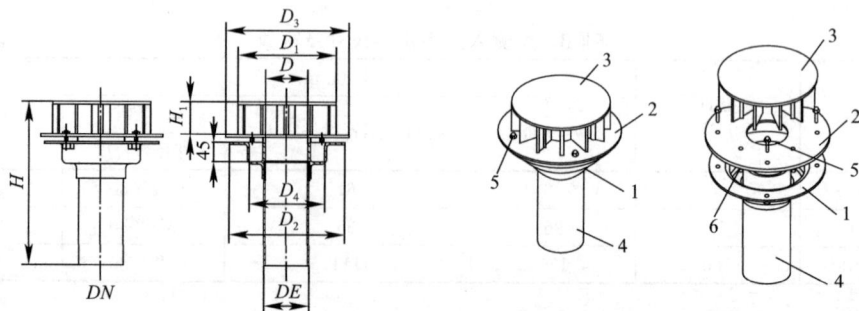

1—斗身；2—压板；3—导流罩；4—排出管；5—紧固螺杆及螺母；6—连接螺钉

图 4-4　87Ⅱ型雨水斗

87Ⅱ型雨水斗尺寸及重量　　　　　　　　表 4-4

| 型号代号 | 公称直径 DN | 尺寸（mm） | | | | | | | | 导流板 | 连接螺钉 直径×长度 | 紧固螺杆 直径×长度 | 重量（kg） |
		外径 DE	D	D₁	D₂	D₃	D₄	H	H₁				
87Ⅱ-75	75	86	75	215	255	275	155	390	60	8	M6×15	M8×50	11.57
87Ⅱ-100	100	111	100	240	280	300	182	400	70	12	M6×15	M8×50	14.77
87Ⅱ-150	150	162	150	290	330	350	232	425	95	12	M6×15	M8×50	21.97
87Ⅱ-200	200	214	200	340	380	400	297	440	110	12	M6×15	M8×50	26.87

铸铁 87Ⅱ型雨水斗材质为 HT150 灰口铸铁，产品技术要求应符合国家标准《建筑屋面雨水排水铸铁管、管件及附件》GB/T 37357—2019 附录 B 的有关规定。

4.3　压力流（虹吸）雨水斗

压力流（虹吸）雨水斗主要有带集水斗和无集水斗两种结构形式。

4.3.1　铸铁带集水斗虹吸式雨水斗

（1）产品特点及适用范围

铸铁带集水斗虹吸式雨水斗主要有ＰＩＱ型虹吸式雨水斗，用于建筑屋面雨水有压流排水系统屋面雨水收集。ＰＩＱ型虹吸式雨水斗由斗体、压板、球形格栅斗帽、排出管、整流器等组成。具有整流、阻气功能，可满足系统的设计流态为重力输水有压流的屋面雨水系统要求。铸铁ＰＩＱ型虹吸式雨水斗采用灰口铸铁制造，具有强度高、耐腐蚀、耐极限气候、使用寿命长等优点。球形格栅斗帽结构可防止树叶杂草堵塞进水口。

（2）规格尺寸

铸铁ＰＩＱ型虹吸式雨水斗规格尺寸应符合图 4-5 和表 4-5 的规定。

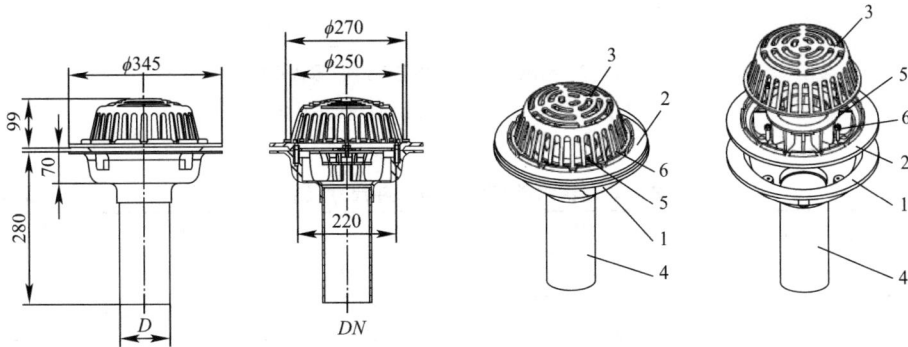

1—斗身；2—压板；3—球形格栅斗帽；4—排出管；5—整流器；6—紧固螺杆及螺母

图 4-5　ＰＩＱ型虹吸式雨水斗

（3）铸铁ＰＩＱ型虹吸式雨水斗材质为 HT150 灰口铸铁，产品技术要求应符合国家标准《建筑屋面雨水排水铸铁管、管件及附件》GB/T 37357—2019 附录 B 的有关规定。

表 4-5

PＩＱ型虹吸式雨水斗尺寸及重量

型号代号	公称直径 DN	尺寸（mm）			重量（kg）
		D	螺杆		
			直径×长度		
PＩＱ-50	50	61	M8×55		13.02
PＩＱ-75	75	86	M8×55		13.58
PＩＱ-100	100	111	M8×55		14.11

4.3.2 铸铁无集水斗虹吸式雨水斗

（1）产品特点及适用范围

铸铁无集水斗虹吸式雨水斗主要有PⅡ型无集水斗虹吸式雨水斗，用于建筑屋面雨水有压流排水系统屋面雨水收集。PⅡ型虹吸式雨水斗由斗体、整流压板、排出管等组成。结构简单，具有整流、阻气功能，可满足系统的设计流态为重力输水有压流的屋面雨水系统要求。铸铁PⅡ型虹吸式雨水斗采用灰口铸铁制造，具有强度高、耐腐蚀、耐极限气候、使用寿命长等优点。

（2）规格尺寸

铸铁PⅡ型虹吸式雨水斗规格尺寸应符合图 4-6 和表 4-6 的规定。

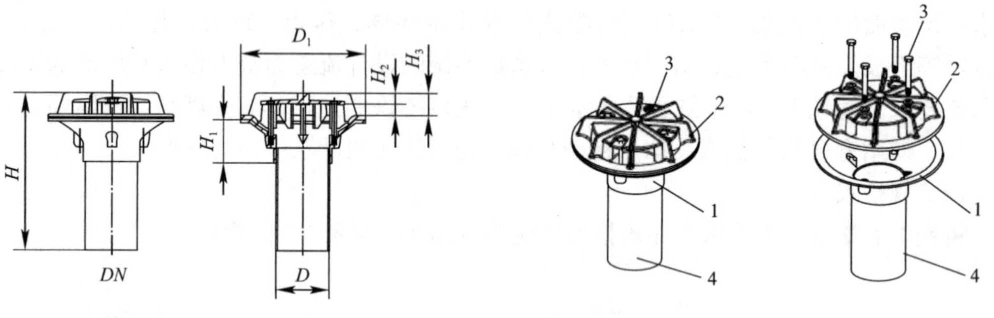

1—斗身；2—整流压盘；3—排出管；4—紧固螺栓及垫片

图 4-6 PⅡ型无集水斗虹吸式雨水斗

PⅡ型无集水斗虹吸式雨水斗尺寸及重量 表 4-6

型号代号	公称口径 DN	尺寸（mm）						螺栓		重量（kg）
		外径 D	D_1	H	H_1	H_2	H_3	数量	直径×长度/mm	
PⅡ-50	50	61	150	260	57	15	27	3	M8×55	3.09
PⅡ-75	75	86	220	260	70	23	44	4	M8×70	5.52
PⅡ-100	100	111	260	260	85	25	47	4	M8×80	7.78

（3）铸铁PⅡ型无集水斗虹吸式雨水斗材质为 HT150 灰口铸铁，产品技术要求应符合国家标准《建筑屋面雨水排水铸铁管、管件及附件》GB/T 37357—2019 附录 B 的有关规定。

第 5 章　建筑中水回用设施

5.1　概述

中水是指排水经处理后，达到规定的水质标准，可在生活、市政、环境等范围内杂用的非饮用水。建筑中水是建筑物中水和小区中水的总称，建筑中水的用途主要是冲厕、绿化、道路清扫、车辆冲洗、建筑施工、消防等。中水利用是污水资源化的一个重要方面，具有明显的社会效益和经济效益。

5.2　工艺流程选用要求

中水工程的成败与其采用的工艺流程有着密切关系。适用的中水处理工艺流程应当满足下列要求：

（1）技术先进，安全可靠，处理后出水能够达到回用目标的水质标准；

（2）经济适用，在保证中水水质的前提下，尽可能节省投资、运行费用和占地面积；

（3）处理过程中，噪声、气味和其他因素对环境不造成严重影响；

（4）经过一定时间的运行实践，技术成熟、实用的处理工艺流程。

中水处理工艺流程较多，本节仅对工程中常用的气浮-过滤、生物接触氧化、膜生物反应器、曝气生物滤池和速分处理六种常见的中水处理工艺流程进行介绍。

5.3　常用工艺技术性能及设计选用要点

5.3.1　气浮-过滤处理工艺

气浮-过滤处理工艺适用于优质杂排水的处理回用，其流程如下：

原水→格栅→调节池→混凝气浮→过滤→消毒→中水

（1）技术特点

物化处理方法，无须生物培养，具有设备体积小、占地省、可间歇运行、管理维护方便等特点。

（2）适用范围

原水的有机物浓度较低（CODcr≤100mg/L，BOD_5≤50mg/L，LAS≤4mg/L）、住房率浮动较大或间歇性使用的建筑物，特别适用于季节性旅游高档公寓、宾馆的洗浴废水。

（3）设计要点

1）混凝气浮可以设备化，占地小，适用于层高较小的地下室。

2）气浮和过滤对悬浮物去除效果较好，对溶解性有机物的去除效果较差，但对洗涤剂有一定的去除效果。设计中应对原水有机物浓度指标严格控制。

3）为了保证水质处理的效果，对高级公寓、宾馆等建筑，最好在气浮和过滤后，增加活性炭吸附装置，并在设计中明确，根据实际水质情况，半年至1年更换活性炭。

（4）施工安装要点

1）当气泡发生方式采用溶气泵式时，应在溶气泵吸气管路吸嘴前安装气体流量计，以便调节和控制吸气量。

2）当采用组合式气浮处理设备时，安装后应注意对成套设备外表面安装破损部位进行防腐处理。

5.3.2　生物接触氧化处理工艺

生物接触氧化处理工艺典型流程如下：

原水→格栅→调节池→生物接触氧化→沉淀→过滤→消毒→中水

（1）技术特点

生物接触氧化是一种成熟实用的处理工艺。它对原水适应性强，经济实用，运行管理方便，对操作管理水平的要求较低。

（2）适用范围

该工艺适用范围较广，对于杂排水、生活污水和二级出水均适用。

（3）设计要点

1）接触氧化池的曝气应尽量做到布气均匀。

2）填料上生物膜的更新是保证生物膜法有效工作的重要条件。因此，生物接触氧化法在单位面积上要有足够的曝气强度，曝气量宜按 BOD_5 的去除负荷，即进出水 BOD_5 的差值计算，根据工程实际情况取值 $40m^3/kg \sim 60m^3/kg\ BOD_5$，也可参考一些工程实例进行设计。球形填料曝气强度要求比固定填料小，因为其本身的漂移运动有利生物膜的脱落。

3）当接触氧化池面积过大时，接触氧化池的供气量应依据曝气强度的需要进行设计，并满足池体搅动强度的需要。

4）生物接触氧化池内建议采用弹性立体填料，使用寿命长，价格便宜，也可采用安装和维修较为方便的球形填料。

（4）施工安装要点

1）生物接触氧化池内填料需要做支架时，应根据填料供应商提供的要求做支架预埋件。支架安装完毕后应对其进行防腐处理。

2）弹性立体填料与支架之间应连接牢固，并应做到方便填料的更换和调整。

5.3.3　膜生物反应器处理工艺

膜生物反应器处理工艺典型流程如下：

原水→格栅→调节池→毛发聚集器→膜生物反应器→消毒→中水

（1）技术特点

膜生物反应器是在活性污泥法的曝气池中设置微滤膜，用微滤膜替代二沉池和后续的过滤装置,将生化与物化处理在同一池内完成,并对原水中的细菌和病毒具有一定的阻隔作用。该工艺具有耐冲击负荷能力强、有机污染物及悬浮物去除效率高、出水水质好、结构紧凑占地少、污泥产量少、自动化管理程度高等优点。

(2) 适用范围

以生活污水和杂排水为原水的中水系统。

(3) 设计要点

1) 厨房排水应预先设置隔油池等隔油装置,确保进入膜生物反应器的污水中动植物油含量不超过 50mg/L。

2) 膜组件的寿命是影响中水工程投资、设备运行管理和运行成本的主要问题,应根据膜材质、组件结构形式等因素,尽量选用质量好、寿命长的膜。

3) 毛发聚集器选型应确保对毛发等长纤维状物质的去除能力,防止其进入 MBR 池后对膜组件造成不利影响。

4) MBR 池内的曝气方式宜选用鼓风曝气系统,曝气量应参照膜供应商提供的技术资料或试验数据确定。

5) 膜生物反应器具有对水中细菌和病毒的阻隔功能,但工艺流程中不应缺少消毒环节。

6) 室内中水处理站的净高应符合膜分离设备(或称膜组件、膜组件单元)安装和检修对最小吊装高度的要求,一般不宜低于 4.5m。

7) 宜设置自动计量、在线监测等设备,提高自动化管理水平。

(4) 施工安装要点

1) 在池内焊接工作全部结束,且焊渣等清扫完毕后,方可安装膜组件。

2) 膜分离设备的出水管路在安装膜组件之前应完成管道试压,确保该段管路不存在漏气现象。

3) 移动膜组件时,不应拿中空纤维膜组件的膜丝部分或平板膜组件的中间部位,应用双手拿中空纤维膜组件两端的集水管(或集水端头)或平板膜组件的框边,禁止拉伸中空纤维膜丝或按压平板膜框。

4) MBR 池内布气装置的安装应确保散气孔水平度符合设计要求,避免曝气不均匀。

5) 膜组件安装完毕后宜浸没于清水之中,或在其上方用防火布遮盖,避免粉尘或火花溅到膜组件上。

5.3.4　曝气生物滤池工艺

曝气生物滤池工艺典型流程如下:

原水→格栅→调节池→初沉池(水解池)→曝气生物滤池→过滤→消毒→中水

(1) 技术特点

曝气生物滤池处理工艺是生物膜法的一种,与生物接触氧化法不同的是,它采用孔隙率较小、颗粒较规则的球形陶粒滤料作为微生物载体,不仅具有生物膜工艺技术的优势,同时也起着有效的过滤作用,因而在运行过程中需要反冲洗。该工艺流程简单,不需二沉池,占地少,投资省,处理效率高,自动化运行程度高,对污水浓度和水量的变化适应性强。

(2) 适用范围

以生活污水、杂排水和二级出水为原水的中水系统。

（3）设计要点

1）要求有前处理，对来水中的悬浮固体及纤维状物质应有效去除，否则易造成布水、布气长柄滤头堵塞及滤池反冲洗频繁，因此在曝气生物滤池前宜设有粗细格栅、初沉池或水解池，必要时在初沉池前加絮凝剂，以强化一级处理，在初沉池或水解池出水堰上宜设置 2mm 不锈钢格网，以拦截纤维状悬浮物。当原水中的悬浮固体含量较少时，可以省去初沉池或水解池。

2）滤料要求：为细菌生长提供理想的表面，促进气、水的平均分配，保证能截留固体悬浮物，具有机械耐久性，易于进行反冲洗，宜采用多孔的陶粒滤料，其硬度和耐磨性可使滤料保持颗粒大小和形状多年不变，其多孔性为菌胶团提供最佳生长条件。

3）曝气生物滤池的工艺稳定性和运行能力取决于正确的布水、配气设计和实际运行时的调控情况，布水、布气应参照相关规范或设计单位图纸施工。

4）曝气生物滤池一般采用上向流，纳污能力强，工作周期长。

5）当进水总磷浓度较高且有去除总磷要求时，可采用辅助化学除磷，可在进水中投加铝盐、铁盐等。

6）设计时应严格计算滤池及管路的阻力损失，保证水顺畅通过滤池。

（4）施工安装要点

1）空气管路进入滤池前应设置超高部分，超高高度不应低于 1.8m。

2）滤池采用混凝土结构形式时，滤板安装应保证水平度及接缝密封性能。

3）曝气系统安装应保证其牢固性和布气均匀性。

4）卵石填装时应采取避免砸坏长柄滤头和曝气系统的措施，滤料填装应按级配要求进行，避免包装混入其中。

5.3.5 速分处理工艺

速分处理工艺典型流程如下：

原水→格栅→调节池→速分生化池→过滤→消毒→中水

（1）技术特点

速分生化技术是浸没式固定床生物膜的变型，是将流体力学中的"流离"原理与微生物处理技术结合在一起，形成的一种新型污水处理技术。利用特殊的固-液-气三相运动，使污水中的固体颗粒富集在速分生化球表面及内部，在一定长度距离的速分生化球内、外表面生成的完整生物链及反复进行的好氧-厌氧-好氧的生物处理系统的作用下，污水中各种污染物得到充分降解，并在系统内部直接进行了污泥消化，实现基本不排泥。

（2）适用范围

对生活污水、杂排水和二级出水均可适用。

（3）设计要点

1）速分生化池容积，根据原水水质不同情况，处理量按 8h～12h 设计，气水比（10～15）∶1。

2）过滤宜采用纤维球过滤器，滤速一般取 30m/h，根据进出水压差，调节反冲洗时间。

（4）施工安装要点

1）速分生化池内曝气管贴地安装，开孔向上。

2) 曝气管安装完毕后，再将速分球一层层码入速分池内，最上层速分球要求高出设计水位半个球体。

5.4　相关标准

GB 50336—2018　建筑中水设计标准

CJ/T 355—2010　小型生活污水处理成套设备

第6章　管材管件

6.1　金属管材

6.1.1　排水铸铁管及管件、接口

（1）概述

现行国家标准《排水用柔性接口铸铁管、管件及附件》GB/T 12772 规定的建筑排水柔性接口铸铁管及管件是采用灰口铸铁制造的，直管采用水冷金属型离心铸造工艺制造，管件采用砂模机械造型铸造工艺制造。灰口铸铁成分中的碳以游离态片状石墨存在于组织之中，使管材具有优良的减振性能、静音性能和耐腐蚀性能。与水泥构筑物相近的热膨胀系数，使得管道穿越建筑楼板不易产生渗漏缝隙。离心铸造工艺制造直管具有外观均匀、材质致密性好、强度高、壁厚均匀等优点。柔性接口设计使排水管道具有优良的抗震性能和伸缩补偿性能。均匀铸造表面增大了管壁与水流之间的摩擦阻力，使其具有优良的排水性能。

（2）产品分类

按接口形式分类：分为机械式柔性接口（图 6-1）和卡箍式柔性接口（图 6-2）铸铁管两大类。

直管按结构形式分类：分为承插口直管（A 型）和无承口直管（W 型和 W1 型）两种。

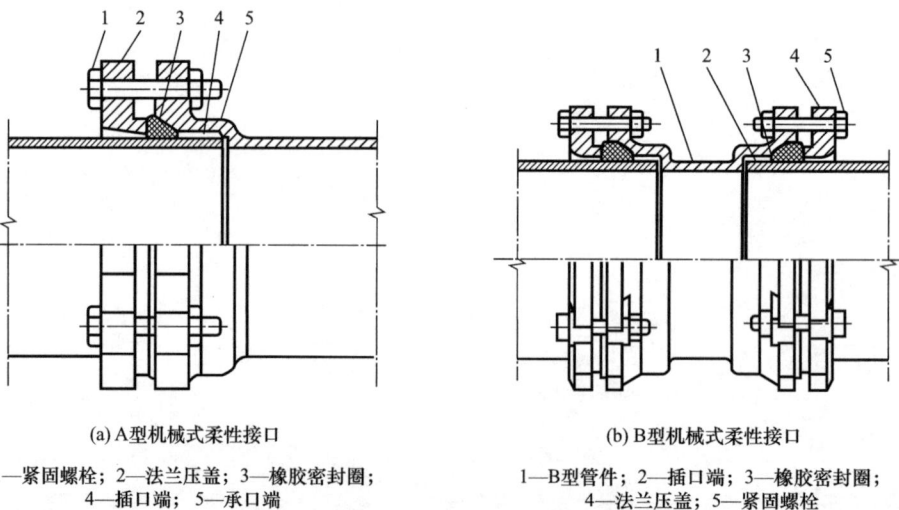

(a) A型机械式柔性接口

1—紧固螺栓；2—法兰压盖；3—橡胶密封圈；
4—插口端；5—承口端

(b) B型机械式柔性接口

1—B型管件；2—插口端；3—橡胶密封圈；
4—法兰压盖；5—紧固螺栓

图 6-1　A 型、B 型机械式柔性接口

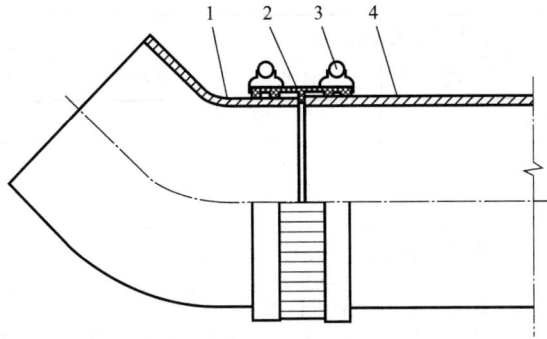

1—管件；2—橡胶密封套；3—不锈钢卡箍；4—直管

图 6-2 W、W1 型卡箍式柔性接口

管件按接口构造形式分类：分为承插口管件（A 型）、无承口管件（W 型和 W1 型）和全承口管件（B 型）。

B 型系列管材由 B 型管件配套、W 型直管组成。

（3）技术要求

直管及管件为灰口铸铁，其铸铁牌号不应低于国家标准《灰铸铁件》GB/T 9439—2023 中的 HT150 铸铁，W1 型直管及用于雨水管道的 A 型 B 级直管、管件的铸铁牌号不应低于国家标准《灰铸铁件》GB/T 9439—2023 中的 HT200 铸铁，且这些铸铁磷含量均不应大于 0.6%，硫含量均不应大于 0.1%。

现行国家标准《排水用柔性接口铸铁管、管件及附件》GB/T 12772 规定的铸铁排水管主要类型及选用要点见表 6-1。

铸铁排水管主要类型及选用要点 表 6-1

项目 \ 管材	A 型机械式柔性接口		W 型柔性卡箍接口	W1 型柔性卡箍接口	B 型机械式柔性接口
	A 级	B 级			
产品标准	GB/T 12772—2016				
公称直径范围 DN	50～300				
铸铁材质牌号	HT150	HT200	HT150	HT200	HT150
管材及接口耐内水压（MPa）	≥0.35	≥0.80	≥0.35	≥0.35	≥0.35
管材及接口耐外水压（MPa）	≥0.08				
抗拉强度（MPa）	≥150	≥200	≥150	≥200	≥150
压环强度（MPa）	—	≥350	—	≥350	—
抗震性能 — 轴向位移	内水压≥0.35MPa，最大位移量 12mm，无泄漏				
抗震性能 — 轴向振动位移	内水压≥0.1MPa，振动频率 1.8Hz～2.5Hz，振动位移量不小于±2.5mm，无泄漏				
抗震性能 — 横向振动位移	内水压≥0.1MPa，振动频率 0.8Hz～1.0Hz，振动位移量不小于±30mm，无泄漏				
适用范围	超限高层及抗震建筑室内排水、室外埋地、静音、防火	建筑室内排水、室外埋地、静音、防火	超限高层及抗震建筑室内排水、静音、防火	建筑室内排水、静音、防火	超限高层及抗震建筑室内排水、室外埋地、静音、防火

续表

项目 \ 管材		A 型机械式柔性接口		W 型柔性卡箍接口	W1 型柔性卡箍接口	B 型机械式柔性接口
		A 级	B 级			
接口连接方式	卡箍连接	—	—	√	√	—
	法兰承插接口	√	√	—	—	√
长时间使用温度（℃）		≥95				
选用要点		1. 建筑排水柔性接口铸铁管材是静音住宅的首选管材，4L/s 排水流量时的结构声噪声值均小于 35dB，符合国家标准《民用建筑隔声设计规范》GB 50118—2010 有关卧室、起居室（厅）内的允许噪声级的要求。 2. 超限高层及抗震建筑宜选用具有第三方检测机构出具的抗震性能测试报告的 A 型、W 型及 B 型柔性接口管材。 3. 用于排水横干管安装和排出管埋地敷设的管材，宜选用接口抗拉拔能力较好的 A 型和 B 型机械式柔性接口管材。埋地敷设管道应在接口两侧不超过 300mm 处设置支墩。 4. 外墙或埋地敷设机械式柔性接口宜选用抗老化性能较好、使用寿命较长的三元乙丙橡胶材质的密封胶圈密封。 5. 埋地敷设管道应选用外壁涂覆环氧沥青或环氧树脂底漆和沥青树脂面漆防腐涂层的管材。埋地管道接口宜按照国家标准《排水用柔性接口铸铁管、管件及附件》GB/T 12772—2016 附录 F 的有关规定，根据埋敷介质条件进行包覆防护。 6. 排水立管与横干管连接的弯头及悬吊安装的横干管上的接口，宜选用国家标准《排水用柔性接口铸铁管、管件及附件》GB/T 12772—2016 附录 C 规定的不锈钢卡箍加强箍或机械式柔性接口防脱卡进行接口防脱加固。 7. 建筑物排水高度小于 80m 的室内雨水管宜选用 A 型 B 级柔性接口铸铁管材。 8. 柔性接口铸铁管材防腐涂层要求应符合现行国家标准《排水用柔性接口铸铁管、管件及附件》GB/T 12772 的有关规定。选用内外壁环氧树脂防腐涂层，可有效延长管材使用寿命。 9. 建筑排水柔性接口铸铁管材分为厚壁管材（A 型、W 型及 B 型管材）和轻薄型管材（W1 型管材），因壁厚差异其管材强度及使用寿命存在差距，当要求轻薄型管材达到与厚壁管材同等使用寿命时，内外壁宜采用环氧树脂防腐涂层，以延长其使用寿命。 10. 为确保管壁厚度不小于国家标准《排水用柔性接口铸铁管、管件及附件》GB/T 12772—2016 规定的最小壁厚，直管和管件重量负偏差不宜小于 8%

（4）管材、管件规格及接口尺寸

1）A 型接口及直管结构如图 6-3 所示，其规格尺寸见表 6-2，A 型直管、管件壁厚及直管长度、重量见表 6-3。

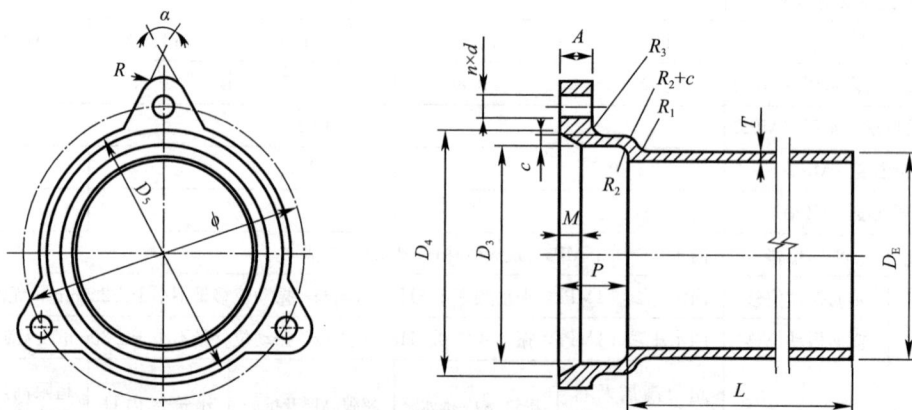

图 6-3　铸铁排水管 A 型接口及直管结构

铸铁排水管 A 型接口规格尺寸　　　　　　　　　表 6-2

公称直径 DN	承插口尺寸（mm）														α(°)
	插口外径 D_E	承口内径 D_3	D_4	D_5	ϕ	c	A	承口深度 P	M	R_1	R_2	R_3	R	$n \times d$	
50	61	67	83	93	110	6	15	38	12	8	6	7	14	3×12	60
75	86	92	108	118	135	6	15	38	12	8	6	7	14	3×12	60
100	111	117	133	143	160	6	18	38	12	8	6	7	14	3×12	60
125	137	145	165	175	197	7	18	40	15	10	7	8	16	4×14	90
150	162	170	190	200	221	7	20	42	15	10	7	8	16	4×14	90
200	214	224	244	258	278	8	21	50	15	10	7	8	16	4×14	90
250	268	278	302	317	335	9	23	60	18	12	8	10	18	6×16	90
300	318	330	354	370	395	9	25	72	18	14	8	10	22	8×20	90

铸铁排水 A 型直管、管件壁厚及直管长度、重量　　　　　　　表 6-3

公称直径 DN	壁厚 T (mm)		承口凸部重量 (kg)	直部每米重量 (kg)		有效长度 L（mm）									
						500		1000		1500		2000		3000	
						总重量（kg）									
	A 级	B 级		A 级	B 级	A 级	B 级	A 级	B 级	A 级	B 级	A 级	B 级	A 级	B 级
50	4.5	5.5	0.90	5.75	6.90	3.78	4.35	6.65	7.80	9.53	11.25	12.40	14.70	16.89	20.28
75	5.0	5.5	1.00	9.16	10.02	5.58	6.01	10.16	11.02	14.74	16.03	19.32	21.04	26.91	29.42
100	5.0	5.5	1.40	11.99	13.13	7.39	7.99	13.39	14.53	19.38	21.09	25.38	27.66	35.22	38.55
125	5.5	6.0	2.30	16.36	17.78	10.48	11.19	18.66	20.08	26.84	28.97	35.02	37.86	48.06	52.23
150	5.5	6.0	3.00	19.47	21.17	12.74	13.59	22.47	24.17	32.21	34.76	41.94	45.34	57.19	62.19
200	6.0	7.0	4.00	23.23	32.78	18.12	20.39	32.23	36.78	46.36	53.17	60.46	69.56	82.92	96.28
250	7.0		5.10	41.32		25.76		46.42		67.35		87.74		121.39	
300	7.0		7.30	49.24		31.92		56.54		81.16		105.78		144.65	

2）B 型管件承口结构如图 6-4 所示和尺寸见表 6-4。

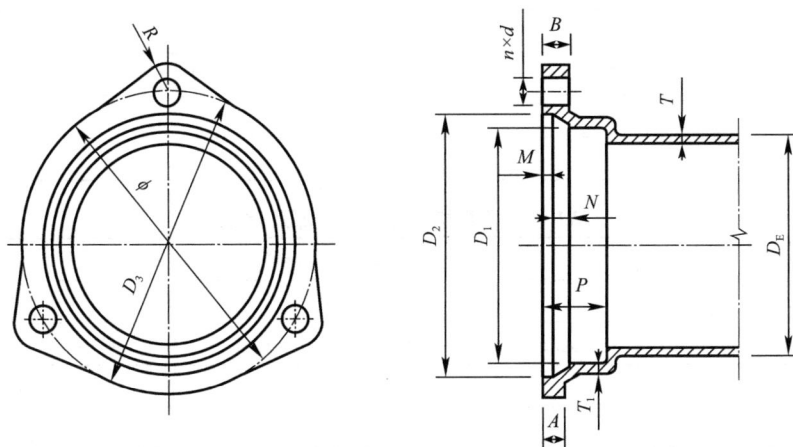

图 6-4　B 型管件承口结构

B 型管件承口尺寸（mm）   表 6-4

DN	D_E	承口内径 D_1	D_2	D_3	ϕ	A	B	承口深度 P	R	M	N	壁厚 T_1	T	偏差	n-DN 个-直径
50	61	65	77	91	95	7	11	30	10	4	6	5.0	4.3	-0.7	2-10
75	86	93	106	120	124	8	12	30	10	5	8	5.0	4.4	-0.7	3-10
100	111	118	133	147	152	9	13	30	10	5	9	5.5	4.8	-1.0	3-10
125	137	144	161	177	182	10	14	34	12	6	10	5.5	4.8	-1.0	3-12
150	162	169	188	204	210	11	15	37	12	6	11	5.5	4.8	-1.0	4-12
200	214	221	243	263	268	13	17	42	14	7	12	6.5	5.8	-1.0	4-14
250	268	276	300	322	328	19	19	48	16	8	13	7.5	6.4	-1.2	6-16
300	318	328	354	388	384	21	21	53	16	8	13	7.5	7.0	-1.2	8-16

3）W 型、W1 型直管如图 6-5 所示，其规格、外径、壁厚及重量分别见表 6-5 和表 6-6。

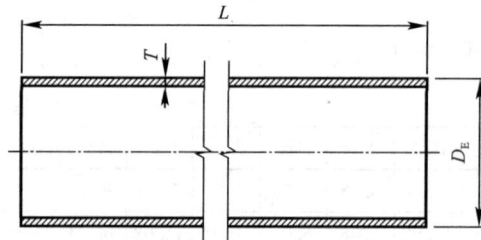

图 6-5 W 型、W1 型直管

W 型直管规格、外径、壁厚及重量   表 6-5

公称直径 DN	外径 D_E (mm)	壁厚 T (mm)	重量（kg） $L=1500mm$	重量（kg） $L=3000mm$
50	61	4.3	8.3	16.5
75	86	4.4	12.2	24.4
100	111	4.8	17.3	34.6
125	137	4.8	21.6	43.1
150	162	4.8	25.6	51.2
200	214	5.8	41.0	81.9
250	268	6.4	56.8	113.6
300	318	7.0	74.0	148.0

W1 型直管规格、外径、壁厚及重量   表 6-6

公称直径 DN	外径 D_E (mm)	壁厚 T (mm) 直管 标准	直管 最小	管件 标准	管件 最小	重量（kg） $L=3000mm$
50	58	3.5	3.0	4.2	3.0	12.9
75	83	3.5	3.0	4.2	3.0	18.9

公称直径 DN	外径 D_E (mm)	壁厚 T（mm）				重量（kg）L＝3000mm
		直管		管件		
		标准	最小	标准	最小	
100	110	3.5	3.0	4.2	3.0	25.3
125	136	4.0	3.5	4.7	3.5	35.8
150	161	4.0	3.5	5.3	3.5	42.6
200	213	5.0	4.0	6.0	4.0	70.6
250	268	5.5	4.5	7.0	4.5	98.0
300	318	6.0	5.0	8.0	5.0	127.0

4）W 型管件端部的结构如图 6-6 所示，管件的壁厚、外径及端部尺寸见表 6-7。

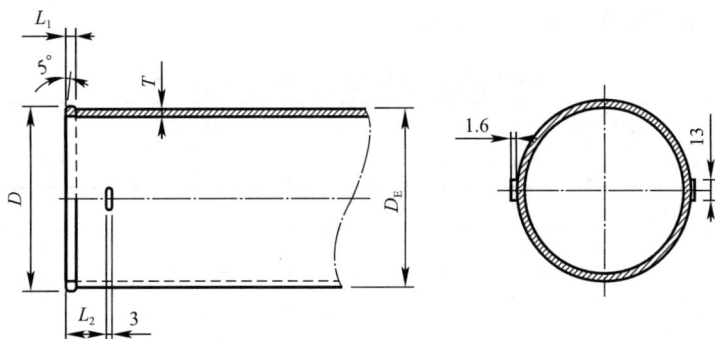

图 6-6　W 型管件端部结构

W 型管件壁厚、外径和端部尺寸　　表 6-7

公称直径 DN	各部尺寸（mm）					
	壁厚 T		D	D_E	L_1	L_2
	A 级	B 级				
50	4.5	5.0	63.0	61	6	29
75	4.5	5.0	89.0	86	6	29
100	5.0	5.5	114.0	111	6	29
125	5.0	5.5	138.5	137	8	38
150	5.0	6.0	164.5	162	8	38
200	6.0	6.0	217.5	214	8	51
250	7.0	7.0	271.0	268	8	51
300	7.0	7.0	321.0	318	8	70

注：插口端部根据需要也可不设凸缘部。

6.1.2　不锈钢管及管件、接口

（1）薄壁不锈钢管

薄壁不锈钢管通常指壁厚与外径之比不大于 6%、壁厚为 0.6mm～4.0mm 的不锈钢管。

1）特点

优异的耐蚀性：不锈钢材料中加入铬、镍合金元素，在不锈钢表面自发形成钝化膜，提高钢的抗氧化性和耐蚀性。

优良的物理性能：不锈钢管抗拉强度为 530MPa～750MPa，且拥有良好的延展性和韧性，低温不变脆，对冲撞有很强的吸收能力，抗震和抗冲击力性能强，具有优良的耐磨损和耐疲劳特性。

水阻小：不锈钢表面光滑，摩擦阻力小，无瓶颈阻力现象，泵的能耗低。

环保：不锈钢管道无腐蚀和不良渗出物，无异味或浑浊问题，不易被细菌沾污，不结垢，清洁卫生。

适用范围：适用于输送生活饮用水、生活饮用净水、生活用热水和消防用水、空调循环水、空调冷冻水等。

2）主要技术参数

不锈钢管的主要参数见表 6-8、表 6-9。

与不锈钢环压式管件连接的不锈钢管尺寸   表 6-8

公称直径 DN	钢管外径 D		钢管公称壁厚 S			壁厚公差
	系列 1	系列 2	Ⅰ型	Ⅱ型	Ⅲ型	
15	16	18	0.6	0.8	1.0	
20	20	22	0.7	1.0	1.2	
25	25.4	28	0.8	1.0	1.5	
32	32	35	1.0	1.2	1.5	
40	40	42	1.0	1.2	1.5	
50	50.8	54	1.0	1.2	1.5	
60	63.5	60.3	1.2	1.5	1.5	±10%S
65	76.1	76.1	1.5	2.0	2.0	
80	88.9	88.9	1.5	2.0	2.0	
100	101.6	108	1.5	2.0	2.0	
125	133		2.0	2.5		
150	159		2.2	3.0		

注：钢管外径系列 1 对应的钢管公称壁厚为Ⅰ型、Ⅱ型；钢管外径系列 2，对应的钢管公称壁厚为Ⅲ型

不锈钢管性能指标   表 6-9

项目	试验条件	性能要求
水压试验	在指定试验压力（Ⅰ型 3.2MPa、Ⅱ型和Ⅲ型 5MPa）下，稳压 15s	不锈钢管材应无渗漏和永久变形
涡流探伤	用焊缝全长涡流检测代替液压试验	对比样管人工缺陷符合 GB/T 7735—2016 中验收等级 E4H 或 E4 的规定
气密性试验	公称外径不大于 108mm 的不锈钢管材，可用逐根水下气密性试验代替液压试验	试验压力为≥1.05MPa，管材浸入水中 15s 后，应无气泡出现
扩口试验	公称外径不大于 108mm 的不锈钢管材应进行扩口试验。公称外径小于 60.3mm 的奥氏体管材扩口后外径的扩大值不应小于 30%；公称外径不小于 60.3mm 的奥氏体管材扩口后外径的扩大值不应小于 25%	扩口后，试样不应出现裂缝或裂口

续表

项目	试验条件	性能要求
压扁试验	管材进行压扁试验时，焊缝应位于受力方向90°的位置。经热处理的钢管，试样应压至钢管外径的1/3；未经热处理的钢管，试样应压至钢管外径的2/3	压扁后，试样不出现裂缝或裂口
焊缝横向完全试验	弯曲试样应从钢管或焊接试板上截取，焊接试板应与钢管同一牌号、同一炉号、同一焊接工艺、同一热处理制度。一组弯曲试验应包括一个正弯试验和一个背弯试验（即钢管外焊缝和内焊缝分别位于最大弯曲表面）；对于壁厚大于10mm的钢管，可用两个侧弯试样代替正弯和背弯试样。弯曲试验时，弯曲压头直径为4倍试样厚度，弯曲角度为180°	弯曲后试样焊缝区域不应出现裂缝和裂口
晶间腐蚀试验	不锈钢晶间腐蚀试验方法标准GB/T 4334—2020的规定进行晶间腐蚀试验	试验后不应出现晶间腐蚀倾向
盐雾试验	管材应按GB/T 10125—2021的规定进行240h中性盐雾试验	试验结果无腐蚀现象

（2）不锈钢环压式管件

为采用专用工具将管件连同圆筒形橡胶密封圈与不锈钢管子沿圆周方向向内挤压为一体的不锈钢管件。不锈钢环压式管件按其使用压力分为PN16系列、PN25系列。不锈钢环压式管件按其配合使用的不锈钢管公称外径分为Ⅰ型、Ⅱ型。

1）特点

操作性好：不锈钢环压式管件连接施工简单、快捷，安装不受施工条件的限制，对安装人员技能素质要求不高。

容错率高：不锈钢环压式管件的压接接口属于圆环型，对于一次压接不到位的情况可以二次压接。

连接强度高：环压式连接压接（锁紧部位）为径向圆周收缩，因此可承受较大的轴向拉力，抗拉强度高。

规格范围广：不锈钢环压连接管件涵盖 $DN15 \sim DN150$。

耐候性好：适用于温度不大于80℃的给水排水系统。

适用范围：适用于长期使用温度不大于80℃的应用净水、冷水、热水、海水和消防管道。

2）主要技术参数

不锈钢环压式管件连接部位如图6-7所示，对应的尺寸见表6-10、表6-11。

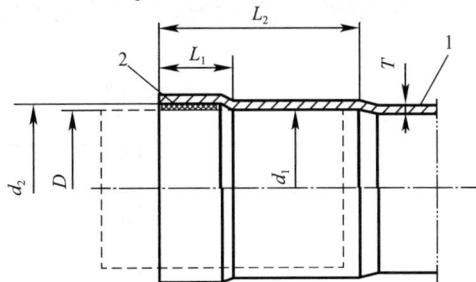

图6-7 环压式不锈钢管件连接部位示意图

Ⅰ型不锈钢环压式管件连接部位尺寸（mm）　　　　表6-10

公称直径 DN	管子外径 D	管件最小壁厚 t_{min}		承口内径 d_1	密封段内径 d_2	密封段长度 L_1	承插段长度 L_{2min}
		Ⅰ系列	Ⅱ系列				
15	16	0.6	0.72	$16.0_0^{+0.5}$	$17.9_0^{+0.4}$	10.5 ± 1	23
20	20	0.8	0.9	$20.1_0^{+0.5}$	$22.2_0^{+0.4}$	11 ± 1	25
25	25.4	0.8	0.9	$25.4_0^{+0.5}$	$27.9_0^{+0.5}$	12 ± 1	32
32	32	1.0	1.08	$32.0_0^{+0.6}$	$34.5_0^{+0.5}$	12 ± 1	35

续表

公称直径 DN	管子外径 D	管件最小壁厚 t_{min}		承口内径 d_1	密封段内径 d_2	密封段长度 L_1	承插段长度 L_{2min}
		Ⅰ系列	Ⅱ系列				
40	40	1.0	1.08	$40.1_0^{+0.8}$	$43.0_0^{+0.7}$	18 ± 2	42
50	50.8	1.0	1.08	$50.9_0^{+0.8}$	$54.0_0^{+0.7}$	18 ± 2	43
65B	63.5	1.3	1.35	$63.6_0^{+1.0}$	$67.5_0^{+0.8}$	19 ± 3	50
80B	76.1	1.5	1.8	$76.3_0^{+1.0}$	$80.2_0^{+0.8}$	19 ± 3	60
90	88.9	1.5	1.8	$89.4_0^{+1.0}$	$93.4_0^{+1.0}$	19 ± 3	72
100	101.6	1.5	1.8	$102.2_0^{+1.1}$	$106.3_0^{+1.1}$	19 ± 3	78
125	133	1.8	2.1	$134.2_0^{+1.2}$	$140.2_0^{+1.2}$	30 ± 3	110
150	159	2.0	2.7	$160.2_0^{+1.5}$	$166.2_0^{+1.5}$	32 ± 3	125

Ⅱ型不锈钢环压式管件连接部位尺寸（mm）　　　　　　表 6-11

公称直径 DN	管子外径 D	管件最小壁厚 t_{min}	承口内径 d_1	密封段内径 d_2	密封段长度 L_1	承插段长度 L_{2min}
15	18	0.6	$18.0_0^{+0.6}$	$20.0_0^{+0.4}$	10.5 ± 1	23
20	22	0.8	$22.0_0^{+0.6}$	$24.2_0^{+0.4}$	11 ± 1	25
25	28	0.8	$28.0_0^{+0.8}$	$30.5_0^{+0.5}$	12 ± 1	32
32	35	1.0	$35.0_0^{+0.8}$	$37.6_0^{+0.7}$	12 ± 1	35
40	42	1.0	$42.0_0^{+1.0}$	$45.1_0^{+0.7}$	18 ± 2	42
50	54	1.0	$54.0_0^{+1.0}$	$57.3_0^{+0.7}$	18 ± 2	43
65	76.1	1.5	$76.3_0^{+1.0}$	$80.2_0^{+0.8}$	19 ± 3	60
80	88.9	1.5	$89.4_0^{+1.0}$	$93.4_0^{+1.0}$	19 ± 3	72
100	108	1.5	$108.0_0^{+1.6}$	$112.7_0^{+1.1}$	19 ± 3	78

不锈钢环压式管件配套使用密封圈如图 6-8 所示，对应的尺寸见表 6-12、表 6-13。

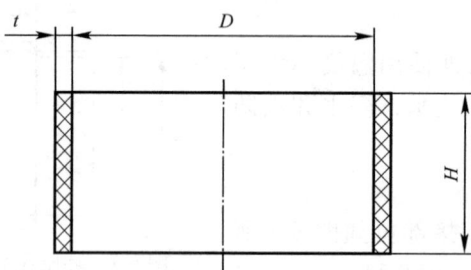

图 6-8　环压式不锈钢管件配套使用密封圈示意图

Ⅰ型不锈钢环压式管件用密封圈尺寸（mm）　　　　　　表 6-12

规格	密封圈内径 D	密封圈厚度 t	高度 H
15	15.5 ± 0.3	0.90 ± 0.10	9.5 ± 0.5
20	19.5 ± 0.3	0.90 ± 0.10	9.5 ± 0.5
25	25.0 ± 0.3	1.15 ± 0.10	11.0 ± 0.5
32	31.0 ± 0.5	1.15 ± 0.10	11.0 ± 0.8

续表

规格	密封圈内径 D	密封圈厚度 t	高度 H
40	39.2±0.5	1.40±0.15	16.5±0.8
50	50.0±0.5	1.40±0.15	16.5±0.8
65B	60.0±0.8	1.90±0.15	16.5±1.0
80B	72.0±0.8	1.95±0.15	16.5±1.0
90	85.0±0.8	2.00±0.15	17.0±1.0
100	97.0±0.8	2.00±0.15	17.0±1.0
125	127.0±1.2	3.00±0.25	28.0±1.5
150	152.0±1.5	3.00±0.25	32.0±1.5

Ⅱ型不锈钢环压式管件用密封圈尺寸（mm） 表 6-13

规格	密封圈内径 D	密封圈厚度 t	高度 H
15	17.5±0.3	0.90±0.10	9.5±0.5
20	21.5±0.3	0.90±0.10	9.5±0.5
25	27.5±0.3	1.15±0.10	11.0±0.5
32	34.2±0.5	1.15±0.10	11.0±0.8
40	41.2±0.5	1.40±0.15	16.5±0.8
50	53.0±0.5	1.40±0.15	16.5±0.8
65	72.0±0.8	1.95±0.15	16.5±1.0
80	85.0±0.8	2.00±0.15	17.0±1.0
100	103.5±0.8	2.00±0.15	17.0±1.0

不锈钢管件性能要求见表 6-14。

不锈钢管件性能要求 表 6-14

项目	试验条件	性能要求
晶间腐蚀试验	奥氏体材料的不锈钢管件应在固溶处理后按 GB/T 4334—2020 的规定进行晶间腐蚀试验	试验后试样不应出现晶间腐蚀倾向
盐雾试验	管件进行热处理后应进行酸洗钝化处理，应按 GB/T 10125—2021 的规定进行 240h 中性盐雾腐蚀试验	不应出现腐蚀现象
水压密封性能试验	GB/T 33926—2017 中第 7.1 条	在试验压力下管件应无渗漏和永久变形
气密性能试验	GB/T 33926—2017 中第 7.2 条	在试验压力下管件应无泄漏出现
耐压试验	GB/T 33926—2017 中第 7.3 条	管件无渗漏、脱落和其他异常
负压试验	GB/T 33926—2017 中第 7.4 条	管件无渗漏、脱落和其他异常
拉拔试验	GB/T 33926—2017 中第 7.5 条	管件无渗漏、脱落和其他异常
温度变化试验 （冷热水循环试验）	GB/T 33926—2017 中第 7.6 条	管件无渗漏、脱落和其他异常
交变弯曲试验	GB/T 33926—2017 中第 7.7 条	管件无渗漏、脱落和其他异常
振动应变试验	GB/T 33926—2017 中第 7.8 条	管件无渗漏、脱落和其他异常
压力冲击（波动）试验	GB/T 33926—2017 中第 7.9 条	管件无渗漏、脱落和其他异常

（3）设计选用要点

1）薄壁不锈钢管设计选用要点

薄壁不锈钢管应根据输送水中允许氯化物含量选材，可按表 6-15 的规定选用。

薄壁不锈钢管输送水中允许氯化物含量 表 6-15

统一数字代号	旧牌号	新牌号	输送水中允许的氯化物含量（mg/L）	
			冷水（≤40℃）	热水（>40℃）
S30408	0Cr18Ni9	06Cr19Ni10	≤200	≤50
S30403	00Cr19Ni10	022Cr19Ni10	≤200	≤50
S31608	0Cr17Ni12Mo2	06Cr17Ni12Mo2	≤1000	≤250
S31603	00Cr17Ni14Mo2	022Cr17Ni12Mo2	≤1000	≤250
S11972	00Cr18Mo2	019Cr19Mo2NbTi	≤1000	≤250

不同系列牌号不锈钢管宜采用与之相同牌号的管件。为控制水在室内管道中流动产生的噪声，管中流速不宜大于 1.8m/s。当公称直径不小于 DN25 时，管中流速宜采用 1.0m/s～1.5m/s；当公称直径小于 DN25 时，管中流速宜采用 0.8m/s～1.0m/s。

用于输送生活饮用水的管材应符合现行国家标准《生活饮用水输配水设备及防护材料的安全性评价标准》GB/T 17219 的规定，还应具有卫生部门的准用文件。

建筑给水薄壁不锈钢管道系统应全部采用薄壁不锈钢制管子、管件和附件。当与其他材料的管子、管件和附件相连接时，应采取防止电化学腐蚀的措施。

对埋地敷设的薄壁不锈钢管，其管材牌号宜采用 022Cr17Ni12Mo2，并应对管道外壁采取防腐蚀措施，外壁防腐材料不宜含有氯离子成分。

其余设计、施工相关事项参照现行国家标准《薄壁不锈钢管道技术规范》GB/T 29038 中的要求执行。

2）不锈钢环压式管件设计选用要点

密封圈的材质宜采用橡胶，选用时应根据介质温度、密封要求、使用寿命等因素确定。

不同系列牌号的不锈钢管子宜采用与之相同牌号的管材。

不锈钢环压式管件的牌号、化学成分和力学性能应符合现行国家标准《不锈钢环压式管件》GB/T 33926 的规定。

用于输送生活饮用水的管材应符合现行国家标准《生活饮用水输配水设备及防护材料的安全性评价标准》GB/T 17219 的规定，还应具有卫生部门的准用文件。

（4）相关标准

GB/T 4334—2020 金属和合金的腐蚀。奥氏体及铁素体-奥氏体（双相）不锈钢晶间腐蚀试验方法

GB/T 10125—2021 人造气氛腐蚀试验 盐雾试验

GB/T 17219—1998 生活饮用水输配水设备及防护材料的安全性评价标准

GB/T 29038—2024 薄壁不锈钢管道技术规范

GB/T 33926—2017 不锈钢环压式管件

GB/T 7735—2016 无缝和焊接（埋弧焊除外）钢管欠缺的自动涡流检测

GB/T 12771—2019 流体输送用不锈钢焊接钢管

6.2 非金属管材

6.2.1 聚乙烯 (PE) 给水管及管件、接口

(1) 适用范围及特点

PE给水管道系统是以聚乙烯树脂为主要原料，经挤出、注塑成型的PE给水管材、管件。其产品质量符合现行国家标准《给水用聚乙烯 (PE) 管道系统》GB/T 13663的相关规定。

适用于水温不大于40℃、最大工作压力 (MOP) 不大于2.0MPa、一般用途的压力输水和饮用水输配。

其特点是具有优异的耐低温冲击、耐腐蚀性能，连接可靠，卫生安全环保。

(2) 产品分类

1) PE给水管材按照管材的结构进行分类：

① 单层实壁管材；

② 在单层实壁管材外壁包覆可剥离热塑性防护层的管材 (带可剥离层管材)。

2) PE给水管件类型分为四种：

① 熔接连接类管件，熔接连接类管件分为电熔管件、热熔对接管件和热熔承插管件；

② 构造焊制类管件；

③ 机械连接类管件 ($DN \leqslant 63mm$)；

④ 法兰连接类管件。

(3) 设计选用要点

PE给水管道系统设计除应符合本章规定外，尚应符合现行国家标准《室外给水设计标准》GB 50013和《给水排水工程管道结构设计规范》GB 50332的有关规定。

1) PE给水管道的材料弹性模量可按表6-16的规定取值。

PE给水管道的材料弹性模量　　　　表6-16

管道名称		弹性模量 (MPa)
聚乙烯 (PE) 管	PE80	800
	PE100	1000

2) PE给水管温度对压力折减系数 (f_t)，可按表6-17的规定取值。

PE给水管温度对压力折减系数　　　　表6-17

温度 T (℃)	$0<T \leqslant 20$	$20<T \leqslant 25$	$25<T \leqslant 30$	$30<T \leqslant 35$	$35<T \leqslant 40$
压力折减系数 f_t	1.00	0.93	0.87	0.80	0.71

3) PE给水管道的材料密度、当量粗糙度、泊松比、线膨胀系数按照表6-18的规定取值。

PE给水管道的材料密度、当量粗糙度、泊松比、线膨胀系数　　　　表6-18

管道名称		密度 (kg/m³)	当量粗糙度	泊桑比	线膨胀系数[m/(m·℃)]
聚乙烯 (PE) 管	PE80	950	0.01	0.45	18×10^{-5}
	PE100				

4）PE 给水管道的材料拉伸强度设计值应按照表 6-19 的规定取值。

PE 给水管道的材料拉伸强度设计值　　表 6-19

管道名称		拉伸强度设计值（MPa）
聚乙烯（PE）管	PE80	6.3
	PE100	8.0

5）PE 给水管道的材料弯曲强度设计值应按表 6-20 的规定取值。

PE 给水管道的材料弯曲强度设计值　　表 6-20

管道名称		弯曲强度设计值（MPa）
聚乙烯（PE）管	PE80	16.0
	PE100	

（4）安装要点

1）PE 给水管应根据城镇给水工程的要求选用管材，保证水质、水压和水量，可靠性高。

2）PE 给水管道工作温度在 20℃以上时允许工作压力按下式进行计算：

$$MOP = PN \times f_t \tag{6-1}$$

式中：MOP——最大工作压力（MPa）；

　　　PN——公称压力（MPa）；

　　　f_t——50 年寿命要求，温度对压力折减系数，应符合表 6-17 的规定。

3）常温工作状态下，选用的管材最大设计管内水压力（F_{wd}），应按下式计算：

$$F_{wd} = 1.5 F_w / f_t \tag{6-2}$$

式中：F_w——管道工作压力（不包括水锤压力）。

4）聚乙烯埋地给水管道不应穿越建筑物、构筑物基础，当必须穿越时，应加护套管等保护措施。

5）管道应敷设在冰冻线以下，且管顶距冰冻线不宜小于 0.2m。

管道布置要点主要有：

① PE 给水管道应埋于地下，不宜明敷；如确需局部露天敷设时，应选用黑色管，并采取相应的防护措施，防暴晒、防划伤。

② $DN \geqslant 200mm$ 时 PE 给水管道结合建筑物、构筑物、电力电缆和其他管线的净距与管道埋深、施工条件等因素综合确定，不应小于表 6-21 的规定。

管道与构筑物、管线水平净距　　表 6-21

构筑物及利害线名称	水平净距（m）	构筑物及利害线名称	水平净距（m）	构筑物及利害线名称	水平净距（m）
聚乙烯管道中线与建构物外墙皮之间的水平距离：$DN \leqslant 315mm$ $DN > 315mm$	3.0（1.0） 5.0（2.0）	中低压煤气管 次高压煤气管 高压煤气管	1.0 1.5 2.0	照明通信电缆	0.5
铁路坡度	6.0	与乔木灌木间距	1.5	污水管	$DN \leqslant 200mm$ 为 1m
建筑红线	$D \leqslant 200mm$ 为 1m	电力电缆间距	1.0		$DN > 200mm$ 为 3m
	$D > 200mm$ 为 3m	高压电线铁塔基础	3.0	与道路侧石边缘间距	0.5

③ PE 给水管道与热力管道之间的距离，应在保证 PE 管道表面温度不超过 40℃的条件下计算确定，最小不得小于 1.5m。

④ PE 给水管道与直径为 630mm 的供热管线之间的水平净距不应小于表 6-22 的规定值。

PE 给水管道与供热管线之间的水平净距　　　　　　　　　　表 6-22

供热管种类	水平净距（m）
t＜150℃直埋供热管道 供热管 回水管	3.0 2.0
t＜150℃热水供热管道 蒸汽供热管沟	1.5

⑤ PE 给水管道与各类地下管道或设施的垂直净距不应小于表 6-23 的规定值。

PE 给水管道与各类地下管道或设施的垂直净距　　　　　　　表 6-23

名称		垂直净距（m）	
		PE 管道在该设施上方	PE 管道在该设施下方
给水管	—	0.15	0.15
排水管	—	0.15	0.20 加套管
电缆	直埋	0.20	0.50
	在导管内	0.20	0.20
供热管道	t＜150℃直埋供热管	0.5 加热套	1.30 加套管
	t＜150℃热水供热管道	0.20 加套管或 0.40	0.30 加套管
	t＜280℃蒸汽供热管道	1.00 加套管，套管有降温措施可缩小	不允许
铁路轨底	—	—	0.2 加套管

⑥ PE 给水管道不宜从建筑物下方穿越，如需穿越建筑物、铁路、高速公路等，应设置钢筋混凝土或铸铁套管等防护措施，并取得有关部门的同意。

⑦ PE 给水管道埋设的最小管顶覆土厚度应符合下列规定：

a）埋设在车行道下管顶埋深不得小于 1.0m。

b）埋设在人行道下的管道支管不得小于 0.6m。

c）埋设在绿化带下或居住区支管不得小于 0.6m。

d）在永久性冻土和季节性冻土层，管顶埋深应在冰冻线以下。

⑧ 管道穿越高等级路面、高速公路、铁路和主要市政管线设施，应采用钢筋混凝土或钢管、球墨铸铁管等套管，套管内径不得小于穿越管外径加 100mm。

⑨ 直线敷设的管道，当采用热熔、电熔连接时，如有分支、连接消防栓、构筑物进水管和其他用水点时，各侧端应有一段无分支的直管段，该直管段长度不应小于 1.00m。

⑩ 管道系统应根据管径、水压、环境温度变化状况、连接形式、敷设及回填土条件等情况，在弯头、三通、变径及阀门处，采取防推脱的混凝土支墩或金属卡箍拉杆等技术措施；焊制的三通、弯头管件部位应采取混凝土包覆措施；非锁紧承插连接管道每支管段不应少于 3 点管道固定措施。

⑪敷设在市政管廊内管道，应根据水温和环境温度变化情况，进行纵向变形量计算，采取间断的卡箍式固定支墩或支架。

6）PE给水管道敷设时，管道允许弯曲半径应符合下列规定：

① 管道上无承插接头时，应符合表6-24的规定。

管道允许弯曲半径   表6-24

管道公称外径 D（mm）	允许弯曲半径 R（mm）
$D \leqslant 50$	$30D$
$50 < D \leqslant 160$	$50D$
$160 < D \leqslant 250$	$75D$
$250 < D \leqslant 350$	$100D$

② 管道上有承插接头时，管道弯曲半径不应小于 $125D$。

③ PE给水盘管可采用犁入式敷设，但不适用于多石地区和有坡度要求的管道工程。

7）在住宅小区、工业园区及工矿企业内敷设的给水管道，当公称直径小于或等于200mm时，可沿建筑物周围布置，且与外墙（柱）净距不宜小于1.00m；当公称直径大于200mm时，与外墙（柱）净距应为3.00m。

8）管道系统中采用刚性连接的管道末端与金属管道连接时，连接处宜设置锚固措施。

9）管道穿越高等级路面、高速公路、铁路和主要市政管线设施时，宜垂直穿越，并应采用钢筋混凝土管、钢管或球墨铸铁管等作为保护套管。套管内径不得小于穿越管外径加200mm，且应与相关单位协调。

10）管道通过河流时，可采用河底穿越，并应符合下列规定：

① 管道应避开锚地，管内流速应大于不淤流速。

② 管道应设有检修和防止冲刷破坏的保护设施。

③ 管道至河床的覆土深度，应根据水流冲刷、航运状况、疏浚的安全余量等条件确定。不通航的河流覆土深度不应小于1.0m；通航的河流覆土深度不应小于2.0m，同时还应考虑疏浚和抛锚深度。

④ 管道埋设在通航河道时，在河流两岸管道位置的上下右应设立警示标志。

（5）相关标准

GB/T 13663.1—2017　给水用聚乙烯（PE）管道系统　第1部分：总则

GB/T 13663.2—2018　给水用聚乙烯（PE）管道系统　第2部分：管材

GB/T 13663.3—2018　给水用聚乙烯（PE）管道系统　第3部分：管件

GB 50013—2018　室外给水设计标准

GB 50332—2002　给水排水工程管道结构设计规范

CJJ 101—2016　埋地塑料给水管道工程技术规程

GB/T 17219—1998　生活饮用水输配水设备及防护材料的安全性评价标准

6.2.2　交联聚乙烯（PE-X）给水管及管件、接口

（1）适用范围及特点

交联聚乙烯（PE-X）给水管是以高密度聚乙烯为主体原料，在管材成型过程中或者

成型后对聚乙烯进行交联，使聚乙烯的分子链之间形成化学键，获得三维网状结构。

交联聚乙烯（PE-X）给水管道系统适用于建筑物内冷热水管道系统，包括工业及民用冷热水、饮用水和供暖系统。但不适用于灭火系统和非水介质的流体输送系统。

产品特点：耐高温性好，长期使用温度可达 95℃；内壁光滑阻力小，不结垢，无毒无味；柔韧性好，易弯曲；抗紫外线，耐老化。

（2）产品分类

管材按交联工艺的不同分为：

1）过氧化物交联聚乙烯（PE-Xa）管材；

2）硅烷交联聚乙烯（PE-Xb）管材；

3）电子束交联聚乙烯（PE-Xc）管材；

4）偶氮交联聚乙烯（PE-Xd）管材。

管件按配套管材的尺寸系列，对应 S6.3、S5、S4、S3.2 四个系列。

（3）设计选用要点

1）建筑给水塑料管道的设计应根据管道系统工作压力和工作水温等，合理选用管材材质及 S 或 SDR 系列。

2）住宅套内、公共建筑的卫生间、盥洗室等用水点集中场合，建筑给水塑料管道工程宜采用分水器供水系统。

3）管道布置和敷设方式应根据建筑物使用要求、管材材质、材性等因素确定。建筑物内同一使用功能宜采用同种管材。

4）横管（包括横支管）嵌入墙体内敷设时，应预留管槽。

5）聚烯烃类管道宜采用暗敷方式；当采用明敷时，管径小于 50mm 的管道宜设置管托，当管道不设管托时，应全部采用固定支架。

6）冷、热水管道采用墙体内埋设时，应符合下列规定：

① 管径不宜大于 25mm；

② 管材与管件连接不得采用卡套、卡箍、卡压等机械连接方式；

③ 管道埋设深度应确保管道外侧水泥砂浆的保护层厚度，冷水管不应小于 10mm，热水管不应小于 15mm；

④ 在管槽内安装时应设管卡，管卡安装间距不宜大于 1200mm。

7）管道在无保护措施条件下，且未得到结构专业同意时，不得浇筑在钢筋混凝土的梁、板、柱等结构层内。

8）管道表面可能产生结露时，应采取绝热措施。

9）小区室外埋地塑料给水管道的管位及与其他管道的最小距离，应符合现行国家标准《建筑给水排水设计标准》GB 50015 的有关规定；公共建筑室外给水塑料管道的布管位置应按总体设计要求确定。

10）室外埋地敷设的建筑给水塑料管道工程设计应符合国家现行标准的有关规定。

管材选用要点如下：

1）用于冷水系统的建筑给水塑料管道工程，管材的公称压力 P_N 应下式计算：

$$P_N = C_A \cdot P_m / f \tag{6-3}$$

式中：P_N——管材的公称压力（MPa）；

C_A——工程应用管材的安全系数，可取 1.2～1.5；

P_m——系统工作压力（MPa）；

f——管道工作温度的压力折减系数。

2）用于热水系统的建筑给水塑料管道工程，管材的设计压力 P_D，应按下式计算：

$$P_D = C_A \cdot P_m \tag{6-4}$$

式中：P_D——管材设计压力（MPa）；

C_A——工程应用管材的安全系数，可取 1.2～1.5。

3）管材按使用条件级别和设计压力选择对应的管系列 S 值，见表 6-25。

管系列 S 的选择　　　　　　　　　　　　　表 6-25

设计压力 P_D/MPa	级别 1 σ_D=3.85MPa	级别 2 σ_D=3.54MPa	级别 4 σ_D=4.00MPa	级别 5 σ_D=3.24MPa
	管系列 S			
0.4	6.3	6.3	6.3	6.3
0.6	6.3	5	6.3	5
0.8	4	4	5	4
1.0	3.2	3.2	4	3.2

管道布置和敷设要点如下：

① 给水立管应布置在用水器具相对集中区域附近的墙角、柱边，给水横管应沿墙、板敷设。当明敷在公共区域的立管有可能受到外力冲击时，应在给水管道的外壁加保护管，保护管管顶离地面不应小于 1800mm。

② 冷水立管穿越楼板处，应结合贯穿部位的防渗漏措施设置固定支承，管外壁与楼板之间的空隙部位应采用细石混凝土填实，管道根部应设置聚氯乙烯（PVC-U）护套管，套管应窝嵌在地面找平层内，套管顶部高出地坪完成面不宜小于 70mm。

③ 热水立管穿越楼板处，应预埋硬聚氯乙烯（PVC-U）套管，套管高出地坪完成面不宜小于 70mm，且在立管离地 250mm 位置处应设固定支承。

④ 冷热水管道穿梁、柱、墙体部位应预留孔洞、埋设套管；当埋设套管时，套管长度应与墙体、梁柱的厚度相同。

⑤ 热水管穿梁、柱、墙体部位应埋设套管，其内径不应小于管道保温管外径 30mm。

⑥ 管道穿越地下室外墙、钢筋混凝土水池、水箱壁处，应预埋金属防水套管。穿越水池、水箱壁的进水管及水箱、水池内的管段，应采用耐腐蚀金属管。套管与管壁间的环形空隙应采取防渗水措施。

⑦ 冷、热水管道与其他管道间净距（含保温层）不宜小于 100mm。管道平行布置时，热水管道宜敷设在外侧；上下布置时，热水管道应敷设在上方。

⑧ 管道不得沿灶台明敷，不得敷设在厨房间灶具或加热设备的上部。明敷立管与家用燃气热水器的净距不得小于 200mm，与家用煤气灶具的边缘不得小于 400mm，当不可避免且管道表面温度超过 60℃时，应采取隔热措施。

⑨ 管道连接水加热设备、家用水加热器时，宜采用金属软管过渡，长度不应小于 400mm。

⑩ 冷水管与水加热设备连接时，根据管网水压波动情况和水加热器功能，应采取防止热水回流措施。

⑪ 当给水管道有可能产生冰冻时，应采用防冻保温措施，保温材料应选用轻质发泡为基体的材料。

⑫ 室内明敷的浅色透明管、室外敷设的聚烯烃类管和 ABS 管等，管道表面应采取遮光保护措施。

⑬ 引入管及通过建筑物沉降缝、伸缩缝的管道，应采取防建筑物沉降措施，宜采取折角转弯敷设，折边长度应根据建筑物的沉降量及管材、管件的连接方式确定，折边长度不宜小于 500mm。

⑭ 横向敷设的给水管道，应有 0.002～0.005 的坡度，并应坡向泄水点。

⑮ 当室内热水管道管径大于 40mm 或敷设长度大于 10m 时，应采取保温措施，保温材料应符合相关标准的规定，厚度应通过计算确定。

（4）安装要点

1）管道工程施工前，应进行技术交底。现场水、电等设施应能保证正常施工。

2）管道施工员应持证上岗，应掌握和了解建筑构造形式，熟悉施工图和与其他工种的配合等要求。安装人员应经培训上岗，应掌握材料的性能、操作要点及安全生产知识等。

3）管道安装前应做好下列准备工作：

① 应检查建筑楼层间预留孔洞及套管顺通情况。

② 冷水管道穿越混凝土墙体时，预埋硬聚氯乙烯的套管长度应与墙体的饰面齐平，当采用金属套管时，套管的内口应光滑无毛刺。

③ 热水管道预留孔或套管的内径应大于管道保温管外径 30mm，冷水管预留孔或套管内径应大于管外径 30mm；管道穿地下室混凝土墙板、水池、水箱时，应预埋金属防水套管。

④ 应检查墙体内设计预留的管槽是否符合设计要求。

⑤ 未经结构设计许可，墙体管槽横向开凿长度不得超过 300mm。

⑥ 当管材堆放场地与室内施工环境温度有明显差异时，应在室内放置一定时间，待管材表面温度接近环境温度时，再进行安装。

（5）相关标准

GB/T 18992.1—2003　冷热水用交联聚乙烯（PE-X）管道系统　第 1 部分：总则

GB/T 18992.2—2003　冷热水用交联聚乙烯（PE-X）管道系统　第 2 部分：管材

GB 50015—2019　建筑给水排水设计标准

GB 50332—2002　给水排水工程管道结构设计规范

GB/T 22051—2008　交联聚乙烯（PE-X）管用滑紧卡套冷扩式管件

CJJ/T 98—2014　建筑给水塑料管道工程技术规程

6.2.3　耐热聚乙烯（PE-RT）给水管及管件、接口

（1）适用范围及特点

PE-RT 给水管道系统是以耐热聚乙烯树脂为主要原料，经挤出、注塑成型的 PE-RT 给水管材、管件。其产品质量符合现行国家标准《冷热水耐热聚乙烯（PE-RT）管道系统》GB/T 28799 的相关规定。

适用于冷热水管道系统，包括民用与工业建筑的冷热水、饮用水和供暖系统、温泉管道系统和集中供暖二次管网系统等。但不适用于灭火系统和非水介质的流体输送系统。PE-RTⅠ型管道不适用于温泉管道系统和集中供暖二次管网系统。

其特点是具有良好的抗蠕变性能，长期耐静液压能力，抗冲击性能好，管道易于弯曲，方便施工等特点。

（2）产品分类

管材按材料分为 PE-RTⅠ型管材和 PE-RTⅡ型管材。

其中 PE-RTⅡ型管材分为：温泉管道和集中供暖二次管网用 PE-RTⅡ型管材；除温泉管道和集中供暖二次管网之外的 PE-RTⅡ型管材。

管件按连接方式的不同分为热熔连接管件、电熔连接管件和机械连接管件。

热熔连接管件按熔接方式的不同分为热熔承插连接管件和热熔对接连接管件。

机械连接管件是指通过机械方式实现连接的管件，如螺纹连接管件、法兰连接管件。

（3）设计选用要点

1）建筑给水塑料管道的设计应根据管道系统工作压力和工作水温等，合理选用管材材质及 S 或 SDR 系列。

2）住宅套内、公共建筑的卫生间、盥洗室等用水点集中场合，建筑给水塑料管道工程宜采用分水器供水系统。

3）管道布置和敷设方式应根据建筑物使用要求、管材材质、材性等因素确定。建筑物内同一使用功能宜采用同种管材。

4）横管（包括横支管）嵌入墙体内敷设时，应预留管槽。

5）聚烯烃类管道宜采用暗敷方式；当采用明敷时，管径小于 50mm 的管道宜设置管托，当管道不设管托时，应全部采用固定支架。

6）冷、热水管道采用墙体内埋设时，应符合下列规定：

① 管径不宜大于 25mm；

② 管材与管件连接不得采用卡套、卡箍、卡压等机械连接方式；

③ 管道埋设深度应确保管道外侧水泥砂浆的保护层厚度，冷水管不应小于 10mm，热水管不应小于 15mm；

④ 在管槽内安装时应设管卡，管卡安装间距不宜大于 1200mm。

7）道在无保护措施条件下，且未得到结构专业同意时，不得浇筑在钢筋混凝土的梁、板、柱等结构层内。

8）道表面可能产生结露时，应采取绝热措施。

9）小区室外埋地塑料给水管道的管位及与其他管道的最小距离，应符合现行国家标准《建筑给水排水设计标准》GB 50015 的有关规定；公共建筑室外给水塑料管道的布管位置应按总体设计要求确定。

10）室外埋地敷设的建筑给水塑料管道工程设计应符合国家现行标准的有关规定。

（4）安装要点

1）管道工程施工前，应进行技术交底。现场水、电等设施应能保证正常施工。

2）管道施工员应持证上岗，应掌握和了解建筑构造形式，熟悉施工图和与其他工种的配合等要求。安装人员应经培训上岗，应掌握材料的性能、操作要点及安全生产知识等。

3）施工所采用的材料、机具应符合下列规定：

① 应按设计要求对管材、管件及相关的资料进行检查，产品应具有出厂合格证和符合国家现行标准规定的检测报告，检测报告应具有管径系列代表性。

② 管材、管件应进行质量检查，对不符合质量要求的产品应及时剔除。

③ 配套的胶粘剂、橡胶圈等附件，应符合国家现行标准的有关规定，且应具有产品合格证。

④ 管道系统的阀门宜采用阀体经锻造的铜质阀门，当采用全塑阀门时，阀门应符合国家现行标准的有关规定，且应具备有资质单位出具的检测报告。

⑤ 对施工采用的各种机具应进行质量检查。

4）管道安装前应做好下列准备工作：

同 6.2.2 条。

5）管道施工应符合下列规定：

① 管道安装时应将印刷在管材、管件表面的产品标志面向外侧。

② 管道穿越水池、水箱壁的环形空隙应采用对水质不产生污染的防水胶泥嵌实，宽度不应小于壁厚的 1/3、两侧应采用 M15 水泥砂浆填实，填实后墙体或池壁内外表面应刮平。

③ 横管应按设计要求设计敷设坡度，并坡向泄水点。

④ 管道安装时不得扭曲、强行校直，与设备或管道附件连接时不得强行对接。

⑤ 各种塑料管材在任何情况下，不得在管壁上车制螺纹、烘烤。

⑥ 热水管道支架应支承在管道的本体上，不得支承在保温层表面。

⑦ 管道与加热设备连接应设置自由臂管段，且按设计要求长度采用耐腐蚀金属管或金属波纹管与加热设备连接。

⑧ 施工过程中不得有污物或异物进入管内，管道安装间歇或安装结束，应及时将管口进行临时封堵。

⑨ 管道表面不得受污、受损，周围不得受热、烘烤，应注意对已安装的成品做好保护。

⑩ 埋设在墙体及地坪内管道、宜在墙面粉刷及垫层完工后，在表面做出管路走向标记。

（5）相关标准

GB/T 28799.1—2020　冷热水用耐热聚乙烯（PE-RT）管道系统　第 1 部分：总则

GB/T 28799.2—2020　冷热水用耐热聚乙烯（PE-RT）管道系统　第 2 部分：管材

GB/T 28799.3—2020　冷热水用耐热聚乙烯（PE-RT）管道系统　第 3 部分：管件

GB 50015—2019　建筑给水排水设计标准

GB 50332—2002　给水排水工程管道结构设计规范

CJJ/T 98—2014　建筑给水塑料管道工程技术规程

6.2.4　无规共聚聚丙烯（PP-R）给水管及管件、接口

（1）适用范围及特点

无规共聚聚丙烯（PP-R）给水管又叫三型聚丙烯管材，以无规共聚聚丙烯树脂为原料经挤出成为管材，注塑成为管件。其产品质量符合现行国家标准《冷热水用聚丙烯管道系统》GB/T 18742 的相关规定。

适用于建筑物内冷热水管道系统，包括饮用水和供暖管道系统等。其特点是卫生、无

毒、耐热性能好、使用寿命长等。

（2）产品分类

无规共聚聚丙烯（PP-R）管材按照管系列分为 S6.3、S5、S4、S3.2、S2.5、S2。管系列与最大允许工作压力的关系参考现行国家标准《冷热水用聚丙烯管道系统》GB/T 18742 的相关规定。

管件按照熔接方式的不同分为热熔承插连接管件和电熔连接管件。

（3）设计选用要点

1）管材的选择

在管道系统设计中，根据连续工作水温（工作水温冷水管使用温度≤40℃，热水管长期使用温度≤70℃）、工作压力和使用寿命、考虑管道长期使用寿命以及施工和实际使用中存在的非正常因素选取管道规格，管系列 S 与公称压力 P_N 的对应关系见表 6-26。

管系列 S 与公称压力 P_N 的对应关系（20℃）　　　　表 6-26

管系列	S5	S4	S3.2	S2.5
公称压力 MPa（$C=1.25$）	1.25	1.6	2.0	2.5
公称压力 MPa（$C=1.5$）	1.0	1.25	1.6	2.0

注：C 为管道系统总使用系数。

2）冷热水管材用于不同级别要求下，管系列 S 和设计压力对应关系见表 6-27。

不同级别管系列 S 和设计压力对应关系　　　　表 6-27

类别	设计压力（MPa）		
	$P_D \leq 0.6$	$0.6 < P_D \leq 0.8$	$0.8 < P_D \leq 1.0$
冷水管	S5	S5	S4
热水管	S3.2	S2.5	S2

3）PP-R 给水管道宜采用暗敷，暗敷方式分直埋和非直埋两种。

① 直埋形式有嵌墙敷设和地坪面层内敷设。

② 非直埋形式有管道井、管廊、装饰板、吊顶内敷设；地坪架空层敷设。

③ 管道明敷和非直埋暗敷时，应考虑管道因温度变形的补偿措施；直埋暗敷时，应与建筑和结构专业协调，并采取相应的防护措施。

④ 管道的连接形式可按照敷设方式、管径和安装位置等因素选定。明敷和非直埋管道宜采用热熔连接，安装困难场所可采用电熔连接；与金属管或用水器具连接应采用螺纹或法兰连接；直埋管道不得采用螺纹或法兰连接。

⑤ 给水增压水泵房不宜采用 PP-R 给水管。如需使用，应符合下列条件：

a）按设计压力选用的管系列 S 应提高一档确定；

b）系统工作压力小于等于 0.6MPa；

c）采用有效的防水锤作用的技术措施。

⑥ 用于集中制备热水管道系统，应有温控装置，并采取防止超温的可靠措施。

管道布置和敷设设计要点如下：

① 设置在公共部位的给水立管宜敷设在管道井、管廊内，管道明敷时应有防止碰撞

的保护措施。

② 给水立管结合建筑布置宜靠近用水器具的墙角、墙边或柱旁；管道应远离热源，距热水器或灶具等器具的净距不得小于400mm。当条件不具备时，应加隔热防护措施，且最小净距不宜小于200mm。

③ 给水管不得穿越变配电室、烟道和风道。不宜穿越建筑物沉降缝、伸缩缝，当必须穿过时，应采取防沉降、防伸缩措施。

④ 明敷和非直埋管道应设置支、吊架。管道敷设应利用弯角等形式补偿管道的伸缩。

⑤ 直埋于墙体或地坪面层的冷热水管道可不考虑伸缩补偿，其外径不宜超过$DN25$，且应采用热熔连接。

⑥ 直埋管道应有定位尺寸，当有可能会遭到损坏时，应加套管保护。

⑦ 管道穿越地下室外墙等有防水要求时，应设刚性或柔性钢制防水套管，并应有可靠的防渗和固定措施。

⑧ 连接热水器和开水器的进出水管段以及穿越水池、水箱壁，应采用耐腐蚀金属管道。

⑨ PP-R给水管道不得直接埋在结构层内，如必须埋设时，应得到结构许可，且应采取外加钢套管和防止施工堵塞的措施。

（4）安装要点

1）施工安装管道前，应具备下列条件：

① 施工图纸及有关技术文件齐全，已进行图纸技术交底，施工要求明确。

② 施工方案和管材、管件、专用热（电）熔机具供应等施工条件具备。

③ 施工人员已经过PP-R给水管道安装的技术培训。

④ 施工用地及材料贮放场地等临时设施和施工用水用电能满足施工需要。

2）提供的管材和管件应符合国家产品标准，并附有生产厂商的产品安装说明书和产品质量保证书。

3）不得使用有任何损坏迹象的管材、管件。如发现管道质量有异常，应在使用前进行技术鉴定或复检。管材、管件进入施工现场后应在同一批中抽样，进行外观、规格尺寸和配合公差等检查。

4）管道系统安装过程中的开口处应及时封堵，并应认真做好现场产品保护工作，如有损坏，应及时更换，不得隐藏。

5）施工安装时应复核冷、热水管道压力等级（S系列）和管道种类。不同种类聚丙烯管道不得混合安装。管道标记应面向外侧。

（5）相关标准

GB/T 18742.1—2017　冷热水用聚丙烯管道系统　第1部分：总则

GB/T 18742.2—2018　冷热水用聚丙烯管道系统　第2部分：管材

GB/T 18742.3—2018　冷热水用聚丙烯管道系统　第3部分：管件

GB 50015—2019　建筑给水排水设计标准

GB 50332—2002　给水排水工程管道结构设计规范

CJJ/T 98—2014　建筑给水塑料管道工程技术规程

GB/T 17219—1998　活饮用水输配水设备及防护材料的安全性评价标准

6.2.5 聚丁烯 (PB) 给水管及管件、接口

（1）适用范围及特点

聚丁烯（PB）给水管道系统是以聚丁烯树脂为主要原料，经挤出、注塑成型的 PB 给水管材、管件。其产品质量符合现行国家标准《冷热水用聚丁烯（PB）管道系统》GB/T 19473 的相关规定。

适用于建筑冷热水管道系统，包括饮用水和供暖等管道系统。PB 给水管的连续工作温度不应大于 75℃，最高温度不应大于 95℃，最大工作压力不应大于 1.6MPa。但不适用于灭火系统和非水介质的流体输送系统。

其特点是耐久性能好，抗冻耐热性好，抗紫外线、耐腐蚀。

（2）产品分类

管材按照聚丁烯混配料的类型分为 PB-H 管材和 PB-R 管材。

管件按连接方式的不同分为热熔连接管件、电熔连接管件和机械连接管件。其中，热熔连接管件又分为热熔承插连接管件和热熔对接连接管件。

（3）设计选用要点

见本章 6.2.3 节（3）。

（4）安装要点

见本章 6.2.3 节（4）。

（5）相关标准

GB/T 19473.1—2020　冷热水用聚丁烯（PB）管道系统　第 1 部分：总则

GB/T 19473.2—2020　冷热水用聚丁烯（PB）管道系统　第 2 部分：管材

GB/T 19473.3—2020　冷热水用聚丁烯（PB）管道系统　第 3 部分：管件

GB 50015—2019　建筑给水排水设计标准

GB 50332—2002　给水排水工程管道结构设计规范

CJJ/T 98—2014　建筑给水塑料管道工程技术规程

T/CECS 528—2018　建筑给水聚丁烯（PB）管道工程技术规程

6.2.6 硬聚氯乙烯 (PVC-U) 排水管及管件、接口

（1）适用范围及特点

硬聚氯乙烯（PVC-U）排水管材及管件以聚氯乙烯（PVC）树脂为主要原料。在考虑了材料的耐化学性和耐热性满足使用要求的情况下，也可用于工业排水用。

硬聚氯乙烯排水管用于楼高小于 100m 建筑物污水和废水的排放，一般水温不得大于 40℃，瞬时排放水温不得大于 80℃。

其特点为质量轻，安装方便，耐化学腐蚀性好，绝缘性、阻燃性优异。

（2）产品分类

管材按照连接方式分为胶粘剂连接型管材和弹性密封圈连接型管材。按照结构可以分为实壁管、芯层发泡管、内壁螺旋管和双层轴向中空管。管件按照连接方式分为胶粘剂连接型管件和密封圈粘结管件。

（3）设计选用要点

建筑排水塑料管道工程设计除应符合本规程规定外，尚应符合现行国家标准《建筑给水排水设计标准》GB 50015 的有关规定。建筑排水塑料管道管材与管件之间的连接应符合下列规定：

1）硬聚氯乙烯（PVC-U）、氯化聚氯乙烯（PVC-C）和苯乙烯＋聚氯乙烯共混（SAN＋PVC）等排水管道，应采用胶粘剂承插粘结，立管也可采用橡胶密封圈连接。

2）室外沿墙敷设的雨落水排水管和空调凝结水排水管应采用插入式连接，承口不应涂胶粘剂或加橡胶密封圈。

3）伸缩节伸缩部位应采用橡胶密封圈连接。

4）敷设在高层建筑室内的塑料排水管道，当管径大于等于 110mm 时，应在下列位置设置阻火圈：

① 明敷立管穿越楼层的贯穿部位。

② 横管穿越防火分区的隔墙和防火墙的两侧。

③ 横管穿越管道井井壁或管窿围护墙体的贯穿部位外侧。

5）阻火圈应符合现行行业标准《塑料管道阻火圈》XF 304 的规定。

6）建筑排水塑料管道不宜布置在热源附近。排水立管与家用燃气灶具边缘的净距不得小于 400mm。当管道表面长期受热、温度超过 60℃时，管壁应采取隔热措施。

7）在建筑物内墙体埋设或埋地敷设的排水塑料管道的管段，不得采用橡胶密封圈连接。

8）建筑排水塑料管道的横管埋设在墙体内时，应预留沟槽。未经同意，墙体横向开凿长度不得超过 300mm。

9）当建筑排水塑料管道穿越一般墙体时，宜预埋硬聚氯乙烯套管，套管长度不宜大于墙体的厚度，套管内径宜大于管道外径 40mm；当穿越地下室外墙时，应预埋带止水翼环的防水套管。

10）建筑排水塑料管道应采取因排水温度或环境温度变化而产生变形的补偿措施。室内外埋地敷设的管道以及采用橡胶密封圈连接的管段，可不设伸缩节。

11）建筑排水塑料管道的立管穿越楼层的部位，除应采取防渗漏水措施外，还应设置固定支承。

12）建筑排水塑料管道应根据管道的纵向变形伸缩量设置伸缩节，伸缩节宜设置在管道的汇合管件处。排水横管应采用专用的承压式伸缩节。

13）在民用建筑中，当排水管道水流噪声不符合要求时，应采取隔声措施。

14）当建筑排水塑料管道有可能受到机械撞击时，应采取保护措施。

15）建筑排水塑料管道横干管与立管的连接宜采用 45°斜三通。立管与排出管的连接应采用 90°大弯管件，当无大弯管件时可用 2 个 45°管件替代。

16）室内埋地排水管道起始端的管顶覆土深度不宜大于 400mm。排出管在室内靠近外墙或基础墙时，应向下折弯后再排出。

17）室外排水管道的检查井，宜采用塑料检查井。

18）当室内排水立管底部为非埋地敷设时，应采用带支座的管件或设置支墩。

19）对橡胶密封圈连接的排水横管，在直管段连接部位、转弯管段的下游连接部位应设置固定支架。

20）排出管室外管段的管顶标高，不应高于当地最大冰冻深度以上 500mm，且不宜小于 300mm。

21）生活排水管道系统的管材选择应根据建筑物类别、建筑物高度、排水温度及供货条件等，经技术经济比较后确定，并按照现行行业标准《建筑排水塑料管道工程技术规程》CJJ/T 29 的相关规定选用。

（4）安装要点

1）各类管道系统的连接方式应符合设计文件规定。

2）建筑排水塑料管与钢管、排水栓之间的连接应采用专用配件。当硬聚氯乙烯排水管与承插式铸铁管连接时，应先将塑料管插入端的表面用砂纸打毛，涂胶粘剂并洒上粗干黄砂，再插入铸铁管的承口内，用麻丝均匀填实后，以水泥砂浆捻口。

3）安装在管窿和装饰墙内采用橡胶密封圈连接的排水管道或伸缩节，均应采用抗老化性能优良的橡胶件；对热排水管道应采用三元乙丙（EPDM）或丁腈橡胶（NBR）橡胶件。

（5）相关标准

GB/T 5836.1—2018　建筑排水用硬聚氯乙烯（PVC-U）管材

GB/T 5836.2—2018　建筑排水用硬聚氯乙烯（PVC-U）管件

GB 50014—2021　室外排水设计标准

GB 50015—2019　建筑给水排水设计标准

GB 50242—2002　建筑给水排水及采暖工程施工质量验收规范

CJJ/T 29—2010　建筑排水塑料管道工程技术规程

6.2.7　聚丙烯（PP）排水管及管件、接口

（1）概述

1）行业标准《聚丙烯静音排水管材及管件》CJ/T 273—2012 规定定义，聚丙烯静音管材为内、外层均以耐冲击共聚聚丙烯（PP-B）树脂为主要原料，中层为降噪吸声材料，采用三层共挤成型的管材（图 6-9）。聚丙烯静音管材为以降噪吸声材料和耐冲击共聚聚丙烯（PP-B）材料共混料，承口经整体一次性注射成型的管件。

图 6-9　PP 静音管

PP外层
降噪吸声层
PP内层

2）适用范围：用于建筑物内冷、热排水用，在材料满足耐化学性和耐温性的条件下，也可用于工业排水。

3）特点：

① 降噪效果好：层间振动及噪声被隔离，达到静音效果，落水噪声优于铸铁管。

② 良好的抗冲击性能。

③ 超强的耐化学腐蚀性能（PH2-12）。

④ 耐高温：可长期承受 95℃流体排放。

⑤ 柔性螺压承插式连接，自调节伸缩，易装易拆。

⑥ 内壁光滑，比常规材料摩擦阻力小，管道及配件永不生锈，因而其内部不会发生侵蚀及收缩的变化，建筑物外端永远不会因管道生锈而污染，保证建筑物价值不致受损。

⑦ 管道配件款式繁多、齐全，可适合各种设计及安装要求。

⑧ 重量为铸铁管的五分之一，易于运输和操作。

⑨ 降低工程造价节省安装时间，同一工作组安装测试结果可以提高 70％的安装效率，可降低 30％的项目排水工程造价。

⑩ 无味、无嗅、无毒、不污染环境。

⑪ 抗白蚁、耐风化，不受细菌的侵害。

⑫ 无需定期保养维修，在正常使用条件下寿命可达 60 年以上。

（2）主要技术参数

降噪吸声材料的物理性能见表 6-28；聚丙烯排水管材的规格尺寸见表 6-29；管材物理力学性能见表 6-30；管件物理学性能见表 6-31；系统适应性试验见表 6-32。

降噪吸声材料的物理性能　　　　　　　　　表 6-28

序号	项目	要求	试验方法
1	密度（kg/m³）	≥1800	GB/T 1033.1—2008
2	水分含量（％）	≤0.1	GB/T 6283—2008
3	熔体质量流动速率 MFR（230℃/2.16kg）（g/10min）	≤0.65	GB/T 3682—2018

聚丙烯（PP）排水管材规格尺寸（mm）　　　　　　表 6-29

公称外径	平均外径		壁厚		内、外层厚度
	最小平均外径	最大平均外径	公称壁厚	允许偏差	
50	50.0	50.3	3.2	+0.30	0.3～0.5
75	75.0	75.3	3.8	+0.40	0.4～0.6
110	110.0	110.4	4.5	+0.50	0.5～0.7
160	160.0	160.5	5.0	+0.60	0.6～0.8
200	200.0	200.6	6.5	+0.60	0.8～1.0

管材物理力学性能　　　　　　　　　表 6-30

序号	项目	要求		试验方法
		d_n≤110	d_n>110	
1	密度（kg/m³）	1200～1800		GB/T 1033.1—2008
2	环刚度（kN/m²）	≥12	≥6	GB/T 9647—2015
3	扁平试验	不破裂、不分脱		GB/T 9647—2015
4	落锤耐冲击试验 TIR（0℃）	≤10％		GB/T 14152—2001
5	纵向回缩率（％）	≤3％，且不分裂、不分脱		GB/T 6671—2001
6	维卡软化温度（℃）	≥143		GB/T 1633—2000

管件物理力学性能　　　　　　　　　表 6-31

序号	项目	要求	试验方法
1	密度（kg/m³）	1200～1800	GB/T 1033.1—2008
2	维卡软化温度（℃）	≥143	GB/T 1633—2000
3	坠落试验	无破裂	GB/T 8801—2007

		系统适应性试验	表 6-32

序号	项目	要求	试验方法
1	连接密封试验（0.05MPa，15min）	连接处不渗漏、不破裂	GB/T 6111—2018
2	系统噪声测试［dB（A）］	≤50	CJ/T 312—2009

6.2.8 钢塑复合管及管件、接口

（1）产品概述

1）涂环氧树脂（EP）钢塑复合管口径 50mm～300mm 主要用于建筑内雨水排、污水排水、水循环处理、消防给水，口径 100mm～600mm 可用空调冷却循环水，连接方式有沟槽卡固连接和法兰连接。

2）衬塑（PE）钢塑复合管口径 20mm～300mm 可用于建筑中生活给水、重力排水、中央空调用水，连接方式有螺纹丝扣连接、沟槽卡固连接和法兰连接。

3）钢塑复合压力管（PSP）可用于建筑群间直接地埋管口径 25mm～250mm，采用电磁感应双热熔连接。

（2）产品分类

分为涂环氧树脂（EP）钢塑复合管、衬塑（PE）钢塑复合管、钢塑复合压力管（PSP）、钢塑复合管配件及钢塑复合压力管配件。

（3）设计选用要点

1）该管材可适用与冷水、热水和消防给水等给水系统。

2）根据工程情况选择连接方式，有焊接、法兰、螺纹及沟槽连接方式。

3）可参照本章 6.1.2 节（3）薄壁不锈钢管相关的设计要点。

（4）安装要点

1）钢塑复合管安装应符合现行团体标准《建筑给水钢塑复合管管道工程技术规程》T/CECS 125 的有关规定。

2）衬塑管法兰连接时，宜将管道端面衬塑层进行翻边处理。可根据施工人员技术熟练程度采取一次安装法或二次安装法，并应符合下列规定：

①采用一次安装法时，可现场测量、绘制管道单线加工图，送专业工厂进行管段、配件涂（衬）加工后，再运抵现场安装。

②采用二次安装法时，可在现场用非涂（衬）钢管和管件，法兰焊接，然后拆下运抵专业加工厂进行涂（衬）加工，再运抵现场进行安装。

③当钢塑复合管法兰连接采用二次安装法时，现场安装的管段、管件、阀件和法兰盘均应打上标记编号。

3）沟槽式管件的工作压力应与管道工作压力相匹配。

4）压槽时管段应保持水平，钢管应与滚槽机接触面呈 90°。应持续渐进，应用标准量规测量槽的全周深度。若沟槽过浅，应调整沟槽机后再行加工。

5）与橡胶密封圈接触的管外端应平整光滑，不得有毛刺。

6）涂塑复合钢管采用沟槽连接方式时，应在现场测量、工厂定制涂塑生产、现场安装，不得在施工现场进行切断、钻孔、压槽、弯曲等内容的加工。

7）检查橡胶密封圈，涂润滑剂，并将胶圈套在一根管段的末端；将对接的另一根管

段套上，将胶圈移至连接段中央。

8）将卡箍套在胶圈外，并将边缘卡入沟槽中。

9）将带变形块的螺栓插入螺栓孔，并将螺母旋紧。

10）采用柔性沟槽式卡箍接头连接管道时，可不计入管道因热胀冷缩的补偿。

11）埋地管用沟槽式卡箍接头时，卡箍接头应设于专用的套筒内，螺栓及螺母应采用不锈钢等防腐材质，防腐措施应与管道部分相同。

12）钢塑复合压力管（PSP）安装应符合下列规定：

① 管道切割：管道切割应采用手工金属锯或锯床，以免因锯切高温损伤管材，切割端面必须垂直于管轴心。

② 管道连接前准备：经切割后的管道端面应用细锉将毛边修光；将内外钢塑层厚度1/2倒角，倒角坡度宜为$10°\sim15°$。热熔钢塑管件承插槽和管材端口应清理干净并保持干燥，根据管件承插深度，在管材上标注出插入长度标识（一般为管件承插深度的85%～95%）；将管材承插到管件承口根部，并达到管材标记的承插深度，顺序连接。

③ 连接方式：给水用钢塑（无规共聚聚丙烯）复合压力管材的连接方式为电磁双热熔连接，并应符合现行行业标准《钢塑复合压力管用双热熔管件》CJ/T 237 的有关规定。

（5）相关标准

GB/T 3019—2015　低压流体输送用焊接钢管

GB/T 8163—2018　输送流体用无缝钢管

GB/T 28897—2021　流体输送用钢塑复合管及管件

CJ/T 183—2008　钢塑复合压力管

6.2.9 铝合金衬塑复合管材与管件

（1）产品概述

铝合金衬塑复合管材外层为6063无缝合金铝管，表面做防腐处理，内层为热塑性塑料（PP-R 和 PE-RT），是经预应力复合而成两层结构的管材（图6-10）。

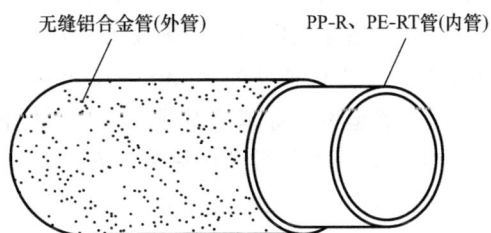

图 6-10　铝合金衬塑（PP-R、PE-RT）复合管材结构示意图

（2）产品分类

管材按照内衬塑料材料不同分为铝合金衬塑（PP-R）复合管和铝合金衬塑（PE-RT）复合管，管材的规格尺寸应符合表 6-33 的规定。

管材规格尺寸（mm）　　　　表 6-33

公称外径	管材平均外径		内管平均外径		外管壁厚		内管壁厚		不圆度
d_n	$d_{n.min}$	$d_{n.max}$	$d_{em.min}$	$d_{em.max}$	壁厚	允许偏差	壁厚	允许偏差	
20	21.2	21.6	20.0	20.3	0.6	+0.3	2.3	+0.5	≤0.4
25	26.2	26.6	25.0	25.3	0.6	+0.3	2.8	+0.7	≤0.4
32	33.2	33.6	32.0	32.3	0.6	+0.3	3.6	+0.8	≤0.5
40	41.4	41.9	40.0	40.4	0.7	+0.3	4.5	+1.0	≤0.6
50	51.4	51.9	50.0	50.5	0.7	+0.3	5.6	+1.3	≤0.8

公称外径 d_n	管材平均外径		内管平均外径		外管壁厚		内管壁厚		不圆度
	$d_{n.min}$	$d_{n.max}$	$d_{em.min}$	$d_{em.max}$	壁厚	允许偏差	壁厚	允许偏差	
63	64.6	65.2	63.0	63.6	0.8	+0.3	7.1	+1.5	≤0.8
75	76.8	77.4	75.0	75.7	0.9	+0.3	8.4	+1.5	≤1.0
90	92.2	92.8	90.0	90.9	1.1	+0.3	10.1	+1.5	≤1.2
110	112.6	113.2	110.0	111.0	1.3	+0.3	12.3	+1.8	≤1.4
125	128.0	128.7	125.0	126.2	1.5	+0.3	14.0	+2.0	≤1.5
160	163.6	164.3	160.0	161.5	1.8	+0.4	17.9	+2.5	≤1.8

管件按连接方式的不同分为承插热熔连接管件和承插电熔连接管件。

（3）适用范围及特点

铝合金衬塑管材与管件适用于生活饮用水、生活热水、供暖热水、空调循环水输送用铝合金衬塑复合管道系统。其特点是阻氧抗紫外线、抗冲击性能好、耐腐蚀等特点。

（4）设计选用要点

1）铝合金衬塑管道宜采用明敷。

2）管道明敷和非直埋暗敷时，应采取防止管道变形的技术措施；直埋暗敷时，应与建筑和结构专业协调，并采取相应的防护措施。

3）明敷和非直埋暗敷采用热熔或电熔连接，与金属管或用水器具连接应采用管螺纹连接；直埋管道应采用热熔连接或电熔连接。

4）管道穿过楼板时必须设置套管，套管宜采用塑料管；穿过屋面时必须设金属套管；套管应高出地面或屋面 50mm～100mm，并采取可靠的防水措施。

5）管道不应穿越烟道或风道，不得布置在遇水易引起燃烧、爆炸的原料、产品和设备的上方，且不得敷设在热源上方。

6）管道与给水排水管道、消防管道和燃气管道等同沟（架）敷设或交叉敷设时，间距不应小于 0.2m。

7）管道穿越建筑变形缝时，应采用预防管道损坏的柔性接管；管道穿墙、梁或楼板时应设套管。

8）立管宜敷设在管道井内。

9）当室内暗敷铝合金衬塑管道需与水泥接触，或管道敷设在外面有液体长期存在的环境下时，管道外表应采取防腐措施。

（5）安装要点

1）施工图纸及其技术文件齐全，且已进行图纸技术交底，满足施工要求，施工要求明确。

2）提供的管材管件应符合产品标准，有生产厂家的合格证，不得使用有任何损坏迹象的管材、管件，焊接工具应采用生产厂家提供的设备。

3）施工安装时要进行复核冷、热水管道强度等级和管道种类，不同管道种类不得混合安装。

4）施工方案、施工技术、材料、机械用具供应等能保证正常施工。

5）施工人员应经过铝合金衬塑管道安装的技术培训，培训合格后方可上岗。为了避免因操作不当而产生的安全隐患，建议进行管路预制，尽量减少现场的熔口，同时降低劳动工时、减少材料的浪费、加快施工进度，确保质量。

6）管道最后一个熔口熔完，冷却时间要达到 24h 后，方可进行压力试验。

（6）相关标准

GB/T 41494—2022　铝合金衬塑复合管材与管件

GB 50015—2019　建筑给水排水设计标准

GB 50242—2002　建筑给水排水及采暖工程施工质量验收规范

第7章 阀门

7.1 截止阀

7.1.1 适用范围和特点

适用范围：广泛应用于给水排水、建筑消防、人防工程、暖通空调等系统中，在管路中起着切断和开启介质的作用。

截止阀特点如下：

(1) 依靠阀杆压力，使阀瓣密封面与阀座密封面紧密贴合，阻止介质流通。

(2) 开闭过程中密封面之间摩擦力小，比较耐用。

(3) 开启高度不大，制造容易，维修方便。

7.1.2 截止阀分类

(1) 截止阀的分类有多种，实际使用需要根据用户工况进行选择。

(2) 为了便于认识选用，每种阀门都有一个特定的型号，以说明阀门的类别、驱动方式、连接方式、结构形式、密封面和衬里材料、公称压力及阀体材料，阀门的型号由七个单元组成。可参见现行国家标准《阀门 型号编制方法》GB/T 32808，如 J11F-16T 黄铜丝口截止阀、J41F-16 法兰铸铁截止阀、J41T-16 法兰铸铁截止阀、J41H-16 法兰铸铁截止阀、J41H-16C 法兰铸钢截止阀等。

7.1.3 安装部位

(1) 常安装于管道出口位置。

(2) 安装位置必须便于操作，不可倒装，即使安装暂时有难度，也要为操作人员的长期工作着想。手轮与胸口取齐（一般离操作地坪 1.2m），开闭阀门比较省力。落地阀门手轮要朝上，不要倾斜，以免操作别扭。靠墙靠设备的阀门，也要留出操作人员站立余地。

7.1.4 相关标准

GB/T 8464—2023　铁制、铜制和不锈钢制螺纹连接阀门

GB/T 12233—2006　通用阀门　铁制截止阀与升降式止回阀

GB/T 12235—2007　石油、石化及相关工业用钢制截止阀与升降式止回阀

GB/T 32808—2016　阀门　型号编制方法

7.2　闸阀

7.2.1　适用范围和特点

适用范围：广泛应用于给水排水、建筑消防、人防工程、暖通空调等系统中，在管路中起着切断和开启介质的作用。

特点如下：

(1) 闸阀是一种启闭件（闸板）由阀杆带动，沿阀座（密封面）做直线升降运动的阀门。闸阀在开启或关闭的过程中，启闭件（闸板）的运动方向与通道内介质的流动方向（或通道轴线）相垂直，通过加于阀瓣左右的压力差把阀瓣压向阀座的一方，而起到切断流体的作用，平板阀瓣升起时，阀即开启。

(2) 流体阻力小。

(3) 启、闭所需力矩较小。

(4) 可以使用在介质向两方向流动的环网管路上，也就是说介质的流向不受限制。

(5) 全开时，密封面受工作介质的冲蚀比截止阀小。

(6) 形体结构比较简单，制造工艺性较好。

(7) 结构长度比较短（相对于截止阀）。

(8) 阀体（软密封闸阀）通道自然平滑，无脏物堆积现象。

7.2.2　闸阀分类

(1) 闸阀的分类有多种，实际使用需要根据用户工况进行选择。

(2) 为了便于认识选用，每种阀门都有一个特定的型号，以说明阀门的类别、驱动方式、连接方式、结构形式、密封面和衬里材料、公称压力及阀体材料，阀门的型号由七个单元组成。可参见现行国家标准《阀门　型号编制方法》GB/T 32808，如 Z15W-16T 黄铜丝口闸阀、Z41T-10Q/16Q 法兰明杆闸阀、Z45T-10Q/16Q 法兰暗杆闸阀、Z41X-10Q/16Q 法兰明杆软密封闸阀、Z45X-10Q/16Q 法兰暗杆软密封闸阀和 Z15T-16Q 丝口球铁闸阀等。

7.2.3　安装部位

(1) 常安装在管网水阻力要求较小的位置。

(2) 安装位置必须方便于操作，不可倒装，即使安装暂时有难度，也要为操作人员的长期工作着想。手轮与胸口取齐（一般离操作地坪 1.2m），这样，开闭阀门比较省力。落地阀门手轮要朝上，不要倾斜，以免操作别扭。靠墙靠设备的阀门，也要留出操作人员站立余地。

7.2.4　相关标准

GB/T 8464—2023　铁制、铜制和不锈钢制螺纹连接阀门

CJ/T 216—2013　给水排水用软密封闸阀

CJ/T 262—2016　给水排水用直埋式闸阀

GB/T 12232—2005　通用阀门　法兰连接铁制闸阀

GB/T 32808—2016　阀门　型号编制方法

7.3　蝶阀

7.3.1　适用范围和特点

适用范围：广泛应用于给水排水、建筑消防、人防工程、暖通空调等系统中，在管路中起着切断和开启介质的作用。

特点如下：

（1）蝶阀是采用圆盘式启闭件，圆盘式阀瓣固定于阀杆上，阀杆转动 90°完成启闭作用。

（2）结构简单，外形尺寸小，结构长度短，体积小，重量轻，适用于大口径的阀门。

（3）启闭方便迅速，具有一定的调节性。

（4）启闭力矩较小，由于转轴两侧蝶板受介质作用基本相等，而产生转矩的方向相反，因而启闭较省力。

（5）密封面材料一般采用橡胶、塑料，故低压密封性能好。

7.3.2　蝶阀分类

（1）蝶阀的分类有多种，实际使用需要根据用户工况进行选择。

（2）为了便于认识选用，每种阀门都有一个特定的型号，以说明阀门的类别、驱动方式、连接方式、结构形式、密封面和衬里材料、公称压力及阀体材料，阀门的型号由七个单元组成。可参见现行国家标准《阀门　型号编制方法》GB/T 32808，如 D342X-10Q/16Q 双偏心法兰软密封蝶阀、D341X-10Q/16Q 中线法兰软密封蝶阀和 D71X-10Q/16Q 中线对夹软密封蝶阀等。

7.3.3　安装部位

见本章 7.1.3 节。

7.3.4　相关标准

CJ/T 261—2015　给水排水用蝶阀

CJ/T 471—2015　法兰衬里中线蝶阀

GB/T 37621—2019　直埋式蝶阀

GB/T 12238—2008　法兰和对夹连接弹性密封蝶阀

GB/T 32808—2016　阀门　型号编制方法

7.4　球阀

7.4.1　适用范围和特点

适用范围：广泛应用于给水排水、建筑消防、人防工程、暖通空调等系统中，在管路中起着切断和开启介质的作用。

特点如下：

（1）球阀是启闭件（球体）由阀杆带动，并绕球阀轴线作旋转运动的阀门。

（2）结构简单、体积小、重量轻，维修方便。

（3）流体阻力小，紧密可靠，密封性能好。

（4）操作方便，开闭迅速，便于远距离的控制。

（5）球体和阀座的密封面与介质隔离，不易引起阀门密封面的侵蚀。

（6）适用范围广，通径从小到几毫米，大到几米，从高真空至高压力都可应用。

7.4.2 球阀分类

（1）球阀的分类有多种，实际使用需要根据用户工况进行选择。

（2）为了便于认识选用，每种阀门都有一个特定的型号，以说明阀门的类别、驱动方式、连接方式、结构形式、密封面和衬里材料、公称压力及阀体材料，阀门的型号由七个单元组成。可参见现行国家标准《阀门 型号编制方法》GB/T 32808，如 Q11F-16T 黄铜丝口球阀、Q41F-16 法兰铸铁球阀和 Q41F-16C 法兰钢制球阀等。

7.4.3 安装部位

见本章 7.1.3 节。

7.4.4 相关标准

GB/T 8464—2023 铁制、铜制和不锈钢制螺纹连接阀门

GB/T 12237—2021 石油、石化及相关工业用的钢制球阀

GB/T 32808—2016 阀门 型号编制方法

7.5 止回阀

7.5.1 适用范围和特点

适用范围：广泛应用于给水排水、建筑消防、人防工程、暖通空调等系统中，在管路中起着防止介质倒流的作用。

特点如下：

（1）止回阀是指启闭件为圆形阀瓣并靠自身重量及介质压力产生动作来阻断介质倒流的一种阀门。

（2）启闭特性要好，在介质倒流时迅速关闭，无卡死现象。

（3）关闭行程要小，关闭时间短，减少水锤压力。

（4）采用流线型设计，流阻小。

7.5.2 止回阀分类

（1）止回阀的分类有多种，实际使用需要根据用户工况进行选择。

（2）为了便于认识选用，每种阀门都有一个特定的型号，以说明阀门的类别、驱动方式、连接方式、结构形式、密封面和衬里材料、公称压力及阀体材料，阀门的型号由七个单元组成。可参见现行国家标准《阀门 型号编制方法》GB/T 32808，如 H14W-16T 黄铜丝口止回阀、H44X-10Q/16Q 橡胶瓣止回阀、HC41X-10Q/16Q 静音止回阀、H44T/W-10Q/16Q 法兰连接铁制旋启式止回阀、H44H/W-16C/P 法兰连接钢制旋启式止回阀和 H41H/W 法兰连接钢制升降式止回阀等。

7.5.3 安装部位

（1）常安装在水泵出口处及供水管网引入管上。

（2）安装位置必须方便于操作，不可倒装；即使安装暂时有难度，也要为操作人员的长期工作着想。安装时，阀门箭头方向与水流方向一致。旋启式止回阀建议水平安装，升降式止回阀（直通结构）建议水平安装，升降式止回阀（立式结构）建议垂直安装。

7.5.4 相关标准

GB/T 8464—2023 铁制、铜制和不锈钢制螺纹连接阀门

GB/T 12233—2006 通用阀门 铁制截止阀与升降式止回阀

GB/T 12235—2007 石油、化工及相关工业用钢制截止阀与升降式止回阀

GB/T 13932—2016 铁制旋启式止回阀

JB/T 13880—2020 橡胶瓣止回阀

GB/T 12236—2008 石油、化工及相关工业用的钢制旋启式止回阀

GB/T 32808—2016 阀门 型号编制方法

7.6 减压阀

7.6.1 适用范围和特点

适用范围：广泛应用于给水排水、建筑消防、人防工程、暖通空调等水系统中，在管路中起着控制压力的作用。

特点如下：

（1）减压阀是靠阀内流道对水流的局部阻力降低水压，水压降的范围由连接阀瓣的薄膜或活塞两侧的进出口水压差自动调节。

（2）阀瓣行程短、关阀冲击力小。

（3）整体结构、简单紧凑、造型美观。

（4）橡胶缓冲，启闭平稳，无振动，无噪声。

（5）橡胶软密封，封闭性能好，耐磨损，使用寿命长。

7.6.2 减压阀分类

（1）减压阀的分类有多种，实际使用需要根据用户工况进行选择。

（2）为了便于认识选用，每种阀门都有一个特定的型号，以说明阀门的类别、驱动方

式、连接方式、结构形式、密封面和衬里材料、公称压力及阀体材料，阀门的型号由七个单元组成。可参见现行国家标准《阀门 型号编制方法》GB/T 32808，有特定标准的产品按其标准，如 Y12X-16T 黄铜可调式减压阀、YZ11X-16T 黄铜可调式减压阀、200P 减压阀和 200X 减压阀等。

7.6.3 安装部位

（1）常安装在终端使用管路前，也常设置在高压差管网中间。

（2）安装位置必须方便于操作，不可倒装。安装时，阀门箭头方向与水流方向一致。阀门的安装位置不应妨碍设备、管道及阀门本身的拆装和检修。阀门安装高度应方便操作和检修，一般距地坪 1.2m 为宜，当阀门中心距地坪 1.8m 以上时，应集中布置，并设置固定平台。

7.6.4 相关标准

GB/T 8464—2023 铁制、铜制和不锈钢制螺纹连接阀门

CJ/T 219—2017 水力控制阀

GB/T 12244—2006 减压阀 一般要求

GB/T 12245—2006 减压阀 性能试验方法

CJ/T 256—2016 分体先导式减压稳压阀

GB/T 32808—2016 阀门 型号编制方法

7.7 多功能水泵控制阀

7.7.1 适用范围和特点

适用范围：广泛应用于给水排水、建筑消防、人防工程、暖通空调等系统中，在管路中起着防止介质倒流、防止水锤的作用。

特点如下：

（1）防止水锤效果好，将缓开、止回速闭、缓闭等消除水锤的技术一体化，防止开泵水锤和停泵倒流与水锤对供水管路和水泵的损害。

（2）操作方便，无须为阀门另配电控系统，阀门随水泵的开启与停止自动并按顺序完成控制功能。通过设定调节阀开度可得到合适的控制参数。

（3）阀体采用了全通道、直流式、流线型设计。水力损失小，节能效果好。

（4）无须专业调试。阀门动作不受液位高差和出水压力以及水泵流量变化的影响，适应范围广。

（5）橡胶软密封，封闭性能好，耐磨损，使用寿命长。

（6）节能效果明显。利用进口端的压力进入下腔支撑膜片压板及阀杆的重量，阻力损失小。

7.7.2 多功能水泵控制阀分类

多功能水泵控制阀的分类有多种，实际使用需要根据用户工况进行选择。

7.7.3 安装部位

见本章 7.1.3 节。

7.7.4 相关标准

CJ/T 167—2016　多功能水泵控制阀

7.8　安全泄压阀

7.8.1　适用范围和特点

适用范围：广泛应用于给水排水、建筑消防、人防工程、暖通空调等系统中，当管路中压力超过设定压力时，可及时泄压，防止管路系统因超压而造成管线和设备损坏。

安全泄压阀特点如下：

（1）泄压状态时，水通过针阀、主阀控制室、球阀、泄压/持压导阀、流向出口，此时主阀处于开启状态。当进口压力超过泄压/持压导阀设定的安全值时，泄压导阀会自动开启，通过球阀放出部分水，使管路泄压。当压力恢复到安全值时，泄压阀自动关闭。

（2）阀瓣行程短、关阀冲击力小。

（3）整体结构、简单紧凑、造型美观。

（4）橡胶缓冲，启闭平稳，无振动，无噪声。

（5）橡胶软密封，封闭性能好，耐磨损，使用寿命长。

7.8.2　安全泄压阀分类

安全泄压阀的分类有多种，实际使用需要根据用户工况进行选择。

7.8.3　安装部位

（1）常安装在供水管网泄水旁路。

（2）安装位置必须方便于操作，不可倒装。安装时，阀门箭头方向与水流方向一致。阀门的安装位置不应妨碍设备、管道及阀门本身的拆装和检修。阀门安装高度应方便操作和检修，一般距地坪 1.2m 为宜，当阀门中心距地坪 1.8m 以上时，应集中布置，并设置固定平台。

7.8.4　相关标准

CJ/T 219—2017　水力控制阀

7.9　倒流防止器

7.9.1　适用范围和特点

适用范围：广泛应用于给水排水、建筑消防、人防工程、暖通空调等系统中，防止给水管道水倒流的作用。

特点如下：

(1) 倒流防止器由两个独立的止回阀组成，当出水端介质发生倒流时，出水止回阀在反向压力的作用下会迅速关闭，防止介质倒流，且进水止回阀起到二次防止倒流的目的。且当阀门进水端压力低于出水端的情况下，双级止回阀要能防止终端介质回流。

(2) 水平或垂直管道均可使用，安装方便。

(3) 整体结构、简单紧凑、造型美观。

(4) 流道通畅、流体阻力小、动作灵敏、密封性能好。

(5) 橡胶缓冲，启闭平稳，无振动，无噪声。

(6) 橡胶软密封，封闭性能好，耐磨损，使用寿命长。

7.9.2 倒流防止器分类

倒流防止器的分类有多种，实际使用需要根据用户工况进行选择，如 JDFQ 减压型倒流防止器、SDFQ 双止回倒流防止器和 LHS 低阻力倒流防止器等。

7.9.3 安装部位

(1) 常安装在以下部位：

1) 由市政管网接入用户的引水管在水表后面与阀门之间的管道上。

2) 消泵接合器上引入管或消防出水管上。

3) 供水系统中有化学品注入的给水管上。

4) 加热器的冷水进水管上，等可能产生倒流的供水管道上。

(2) 倒流防止器应安装在水平位置，不可倒装，安装位置应方便调试和维修，并能及时发现水的泄放或故障的产生，安装后倒流防止器的阀体不应承受管道的重量，并注意避免冻坏和人为破坏。安装时，阀门箭头方向与水流方向一致。

7.9.4 相关标准

GB/T 25178—2020 减压型倒流防止器

JB/T 11151—2011 低阻力倒流防止器

CJ/T 160—2010 双止回阀倒流防止器

7.10 排气阀

7.10.1 适用范围和特点

适用范围：广泛应用于给水排水、建筑消防、人防工程、暖通空调等系统中，用于排除管道中的空气，也可在管道产生负压时进行补气，从而保证管道的安全。

特点如下：

(1) 设有大、小进排气孔，具有快速排气和少量排气的功能。

(2) 大量排气：当管线初次供水时，管线内的空气能通过大排气孔迅速排除。当阀腔内水位上升至一定位置时，浮球带动大排密封面紧密关闭。

（3）大量吸气：当突然停泵或管线突然断水时，管线内出现负压，此时大排孔迅速打开，以避免管线内出现负压水锤造成破坏。

（4）微量排气：当阀腔上方的空气积集到一定程度时，浮球带动密封面脱离微排孔，使积存的空气及时排除。

7.10.2 排气阀分类

排气阀的分类有多种，实际使用需要根据用户工况进行选择，如 CARX 复合式高速进排气阀、ARVX 微量排气阀和 KP 快速排气阀等。

7.10.3 安装部位

（1）常安装在管网末端及管网最高点位置。

（2）安装时，阀门箭头方向与水流方向一致。阀门安装位置，必须方便于操作，安装位置不应妨碍设备、管道及阀门本身的拆装和检修。

7.10.4 相关标准

CJ/T 217—2013　给水管道复合式高速进排气阀

GB/T 36523—2018　供水管道复合式高速排气进气阀

JB/T 12386—2015　给水管道进排气阀

7.11　过滤器

7.11.1 适用范围和特点

适用范围：广泛应用于给水排水、建筑消防、人防工程、暖通空调等系统中，用于管网进口端，用来清除供水管网中的杂质，以保护阀门及设备的正常使用。

特点如下：

（1）结构简单，阻力小，排污方便等特点。

（2）内部采用不锈钢滤网，坚固耐用，防腐性能好。

7.11.2 过滤器分类

过滤器的分类有多种，实际使用需要根据用户工况进行选择，如 SY4P Y 型过滤器、GL41H Y 型过滤器和 GL11H-16T 黄铜 Y 型过滤器等。

7.11.3 安装部位

（1）常安装在以下部位：

1）减压阀、泄压阀、自动水位控制阀、温度调节阀等阀件前。

2）水加热器的进水管上，换热器装置的循环冷却水进水管上。

3）水泵吸水管上。

（2）安装时，阀门箭头方向与水流方向一致。阀门安装位置，必须方便于操作，安装位置不应妨碍设备、管道及阀门本身的拆装和检修。

7.11.4 相关标准

QB/T 4507—2013 水暖管道配件 铜制过滤器

T/ZZB 1611—2020 Y 型过滤器